1+X证书制度试点"机械数字化设计与制造"职业技能等级证书系列教材

产品数字化设计

主　编　赵卫东

副主编　肖　尧

同济大学 出版社
TONGJI UNIVERSITY PRESS
·上海·

内 容 提 要

本书是1+X证书制度试点"机械数字化设计与制造"职业技能等级证书系列教材之一,为使用Inventor进行工业产品设计的进阶培训教材。全书包含7章内容,其中第1章至第6章按功能模块介绍使用Inventor进行工业产品设计的基本方法,第7章则以项目教学的形式,通过三个工业产品实例,介绍综合各功能模块的多种工具及进行工业产品设计的方法。本书相关数据文件及操作视频可扫描书后二维码获取。

本书可供职业院校相关专业使用,亦可供广大 Inventor 爱好者学习参考。

图书在版编目(CIP)数据

产品数字化设计 / 赵卫东主编. —上海:同济大学出版社,2021.9
ISBN 978-7-5608-9876-6

Ⅰ. ①产… Ⅱ. ①赵… Ⅲ. ①产品设计—数字化—职业技能—鉴定—教材 Ⅳ. ①TB472-39

中国版本图书馆 CIP 数据核字(2021)第 168122 号

产品数字化设计

主编 赵卫东
责任编辑 朱 勇 **责任校对** 徐春莲 **封面设计** 陈益平

出版发行 同济大学出版社 www.tongjipress.com.cn
(地址:上海市四平路 1239 号 邮编:200092 电话:021-65985622)
经 销 全国各地新华书店
印 刷 启东市人民印刷有限公司
开 本 787 mm×1092 mm 1/16
印 张 13.75
字 数 343 000
版 次 2021 年 9 月第 1 版
印 次 2024 年 7 月第 2 次印刷
书 号 ISBN 978-7-5608-9876-6

定 价 45.00 元

前　言

　　本书是1+X证书制度试点"机械数字化设计与制造"职业技能等级证书系列教材之一,为使用Inventor进行工业产品设计的进阶培训教材。

　　本书包含7章内容,其中第1章至第6章按功能模块介绍使用Inventor进行工业产品设计的基本方法,第7章则以项目教学的形式,通过三个工业产品实例,介绍综合各功能模块的多种工具及进行工业产品设计的方法。

　　本书力求使用最简单的文字介绍Inventor的各项功能,尽可能使用图片及图中注释讲解Inventor各项功能的应用方法,便于读者理解。书中所有案例均配有相关数据文件及操作视频,方便读者在实践中掌握使用Inventor进行工业产品设计的各种方法。

　　本书由赵卫东担任主编,肖尧担任副主编。参加本书编写的人员有徐吴、赵艺佳、林将毅、茹兰、周欣康、黄春鼎、卢东、周文哲。

　　本书编写过程中得到了北京机械工业自动化研究所有限公司、中国机电一体化技术应用协会职业教育分会、欧特克软件(中国)有限公司等单位的大力支持,在此一并表示感谢。

编　者

2021年8月

目录

1 绪论

产品是社会发展的重要部分,也是社会进步的体现。本章将简要介绍产品设计的概念、类型与流程,Inventor 在产品设计中的作用以及 Inventor 软件的界面与基本操作。

学习目标

- 了解产品设计的概念、类型与流程;
- 了解 Inventor 在产品设计中的作用;
- 掌握 Inventor 基本操作方法。

1.1 产品设计概述

所谓设计,即为了满足人类与社会的功能需求,将预定的目标通过人们创造性思维,经过一系列规划、分析和决策,产生载有相应文字、数据、图形等信息的技术文件,以取得最满意的社会效益与经济效益为目的,然后或通过实践转化为某项工程,或通过制造成为产品,进而造福于人类。简言之,设计是要达到什么与如何达到之间的互动。

1.1.1 产品设计的类型

产品设计是一项创造性的劳动,同时也是对已有成功经验的继承。产品设计可分为以下三种类型。

1. 开发性设计

开发性设计是指在产品的工作原理和具体结构等完全未知的情况下,应用成熟的科学技术或经实践证明可行的新技术,开发设计新产品。开发性设计是一种完全创新的设计。

2. 适应性设计

适应性设计是指在产品的工作原理和设计方案不变的前提下,对产品局部调整或增加附加功能,并在产品结构上做出相应的调整,使产品满足使用要求。

3. 变形设计

变形设计是指在产品的工作原理和功能结构不改变的前提下,调整产品的具体参数和结构,以适应新的工艺条件或使用要求。

1.1.2 产品设计的流程

产品设计的流程大致包括：规划设计、方案设计、技术设计、施工设计及改进设计等阶段，如图 1-1 所示。

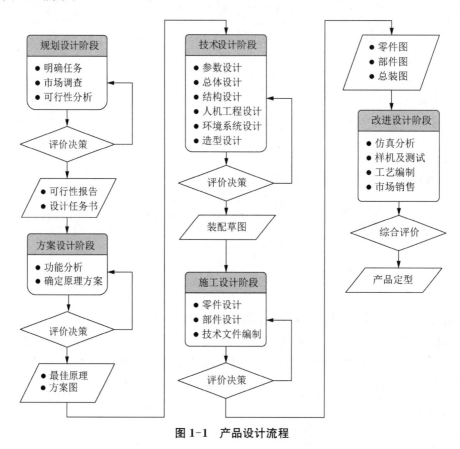

图 1-1 产品设计流程

1.2 走进 Inventor

1.2.1 Inventor 在产品设计中的作用

Inventor 是 Autodesk 公司的三维设计软件，包括五个基本模块：零件、钣金、装配、表达视图和工程图；四个子模块：焊接、结构件生成器、设计加速器和 Inventor Studio；四个专业模块：三维布管设计、三维布线设计、应力分析和运动仿真。

Inventor 软件作为计算机辅助设计软件，常用于产品的技术设计、施工设计、改进设计阶段。

图 1-2(a)所示为汽车座椅。该产品设计过程中的技术设计、施工设计、改进设计等阶段均有 Inventor 软件的参与。如在技术设计阶段，Inventor 辅助完成总体设计、结构设计及造型设计等工作[图 1-2(b)]；在施工设计阶段，Inventor 辅助完成零件设计、部件设计等工作[图 1-2(c)]；在改进设计阶段，Inventor 辅助完成仿真分析等工作[图 1-2(d)]。

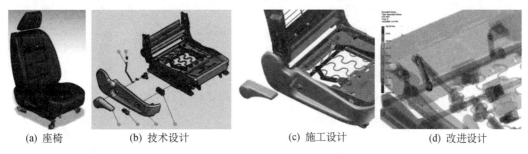

(a) 座椅　　(b) 技术设计　　(c) 施工设计　　(d) 改进设计

图 1-2 Inventor 在产品设计中的作用

1.2.2 Inventor 基本操作方法

本小节介绍 Inventor 的基本操作方法。双击图标 ，启动 Autodesk Inventor。

1. Inventor 常用文件模板

点击"新建"按钮，打开"新建文件"对话框，如图 1-3 所示。"新建文件"对话框中提供了用于创建文件的各种模板，通常使用图 1-3(b)中 zh-CN 文件夹中的模板创建文件，默认选项卡中各模板的作用见表 1-1。新建文件时，选择所需的模板双击即可。如新建零件文件时，双击标准零件模板"Standard.ipt"图标即可创建零件文件并进入零件环境。

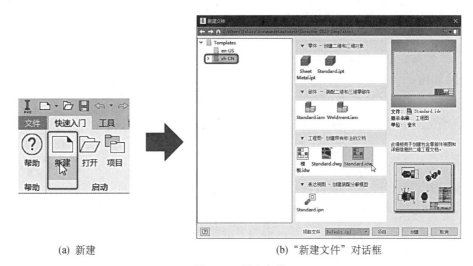

(a) 新建　　　　　　(b) "新建文件"对话框

图 1-3 新建文件

表 1-1 常用模板

图标	Standard.ipt	Standard.iam	Standard.idw	Standard.dwg	Standard.ipn	Sheet Metal.ipt	Weldment.iam
类型	标准零件	标准部件	工程图(idw)	工程图(dwg)	表达视图	钣金零件	焊接组件

2. Inventor 界面及基本操作

Inventor 界面如图 1-4 所示，各部分的作用如下。

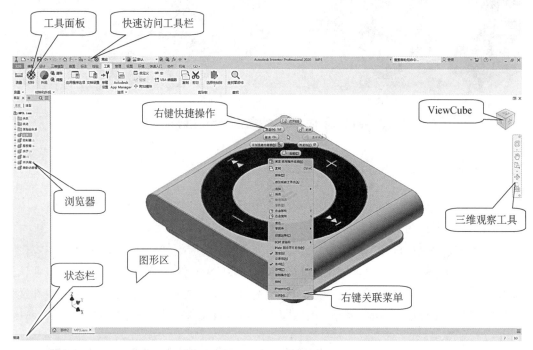

图 1-4　Inventor 界面

● 工具面板按照逻辑关系分类存放各种图标按钮，不同类型的图标按钮存放在不同的选项卡中，如图 1-4 中的装配、设计、模型等选项卡。对于零件、部件、表达视图或工程图等不同环境，工具面板与选项卡也会有所不同。

● 快速访问工具栏提供常用的图标按钮，如新建、保存、撤销、恢复等，以便快速查找和使用。

● 浏览器显示了特征、零件、部件、工程图等的组织结构层次。图 1-5 所示为零件环境下的浏览器，它直观地记录了草图、特征与零件的关系以及零件模型的创建步骤。

● 右键关联菜单通过自动推测下一步的可能操作，提供所需的工具。在图形区的空白处、选中的特征或模型上、浏览器的节点等位置单击鼠标右键，均可打开与之相关的可能操作菜单，如创建草图、编辑特征、控制零部件的可见性等。

● 右键快捷操作与右键菜单相似，Inventor 通过自动推测下一步的可能操作，将相关的工具放置在光标的四周。若需使用这些工具，可右击后直接选取，也可按住右键向相关位置拖动选取。图 1-6 所示为某一环境下的右键快捷按钮，此时若需选取"测量"工具，可右击打开该快捷按钮菜单，并选取"测量"工具；也可在右击出现该菜单前按住右键向左上方拖动，快速选取该工具。

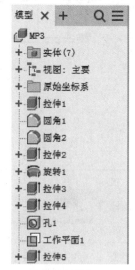

图 1-5　零件环境下的浏览器

(a) 右键快捷操作菜单　　　　(b) 右击后选取　　　　(c) 右击前按住右键向按钮所在位置拖动

图 1-6　右键快捷按钮

● 状态栏显示当前操作的提示信息。

● ViewCube 用于选择三维模型的观察角度。单击其顶点、棱边或平面,均可调整观察的方向,如图 1-7(a)所示。将 ViewCube 控制块的某一平面放正后,还可通过单击箭头在保证已经放正的平面不动的情况下旋转模型,如图 1-7(b)所示。此外,拖动 ViewCube 控制块的顶点,可对模型进行三维旋转,如图 1-7(c)所示。

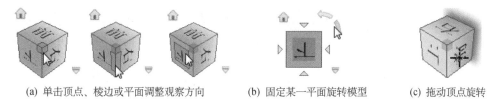

(a) 单击顶点、棱边或平面调整观察方向　　　　(b) 固定某一平面旋转模型　　　　(c) 拖动顶点旋转

图 1-7　ViewCube

● 三维观察工具包含全导航控制盘、平移、缩放、旋转、观察方向等工具。其中,全导航控制盘整合了多个常用的导航工具,可以按不同的方式平移、缩放或操作当前模型的视图,如图 1-8 所示。

图 1-8　全导航控制盘　　　　　　　　图 1-9　"帮助"按钮

3. Inventor 帮助与学习资源

Inventor 提供多种途径的帮助。图 1-9 所示为 Inventor 工具面板中的"帮助"按钮,其中"快速入门"作为 Inventor 概述,可帮助新用户快速熟悉并使用软件;"教程库"提供各功能模块的详细介绍,可供各层次用户参考;"新特性"提供当前 Inventor 版本的更新内容,可帮助用户快速掌握各种新工具的使用方法。

各环境、各工具均提供与当前操作相关的帮助,如图 1-10 所示。

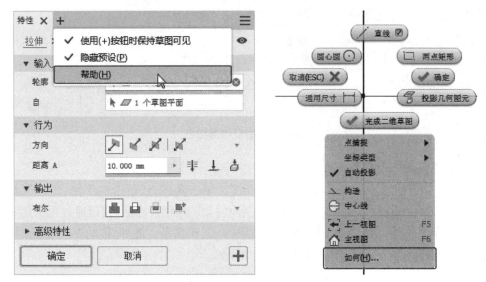

图 1-10　相关帮助

2 零件建模

本章介绍使用 Inventor 建立零件模型基本思想与方法。

学习目标

- 理解 Inventor 建模基本思想；
- 掌握 Inventor 草图应用方法；
- 掌握 Inventor 基本建模方法。

2.1 建模基本思想

使用 Inventor 创建模型的过程可描述为创建草图和添加特征的过程。

图 2-1 所示为台灯底座,创建这一模型的步骤如下。

图 2-1 台灯底座

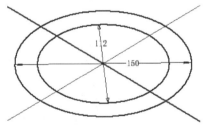

图 2-2 台灯底座主体草图

（1）创建用于生成台灯底座主体部分的草图,如图 2-2 所示。

（2）为步骤(1)中的草图添加拉伸特征,如图 2-3 所示。

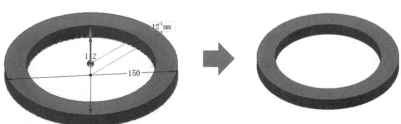

图 2-3 添加拉伸特征

（3）在由拉伸得到的台灯底座主体的上表面创建用于指定孔心位置的草图，如图2-4所示。

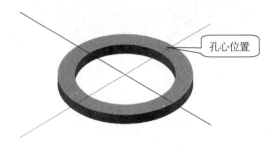

图 2-4　指定孔心位置

（4）为步骤（3）的草图添加孔特征，如图2-5所示。

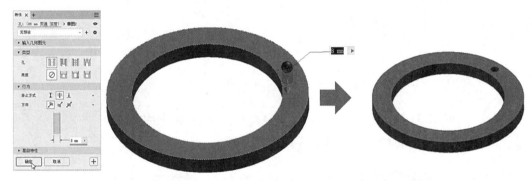

图 2-5　添加孔特征

（5）在台灯底座的边缘添加圆角特征，如图2-6所示。

图 2-6　添加圆角特征

（6）在台灯底座主体的上表面创建用于添加凸雕特征的草图，如图2-7所示。

（7）为步骤（6）中的草图添加凸雕特征，如图2-8所示。

可见，用 Inventor 创建三维模型的步骤可概括如下。

（1）形体分析：对模型的形体进行整体分析，将其划分为若干个简单的元素。

（2）创建草图：根据形体分析的结果绘制用于生成特征的草图。

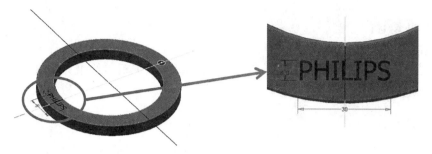

图 2-7　凸雕轮廓草图

图 2-8　添加凸雕特征

（3）添加特征：通过拉伸、旋转、打孔、圆角等方式为草图或已有的模型添加特征。

（4）重复步骤（2）、（3），逐步完成模型的所有结构造型。

以上过程也可用图 2-9 表示。

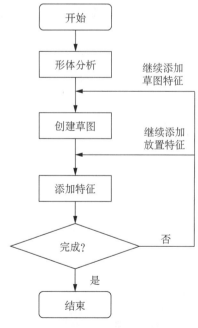

图 2-9　建模流程

2.2 建模基础

草图是创建三维模型的基础,本节将介绍草图的绘制、编辑与约束方法以及创建草图时需注意的问题。

2.2.1 草图绘制

默认状态下,选择标准零件模板"Standard.ipt"新建零件文件后将自动进入草图环境。用于绘制草图的工具按钮位于工具面板的"草图"选项卡的"绘制"区域,如图 2-10 所示。

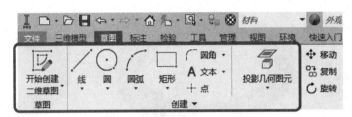

图 2-10 草图绘制工具

下面逐一介绍该区域中各种工具的使用方法。

1. 直线

直线工具的使用方法为:通过两次左击,分别确定起点和终点,可创建一条线段,如图 2-11(a)所示;通过多次左击确定多个点可创建首尾相接的多条线段,如图 2-11(b)所示;通过在已有几何图元的端点按住左键并拖动,可创建与已有几何图元相切或垂直的圆弧,拖出的位置不同,圆弧的形式也有所不同,共可生成 8 种不同的圆弧,如图 2-11(c)和(d)所示。

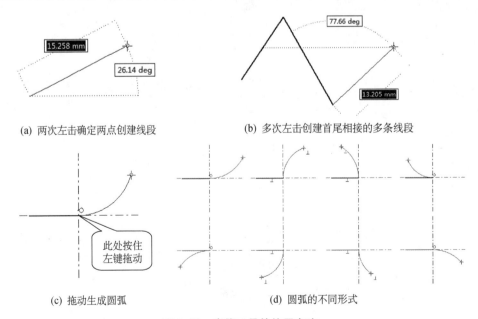

(a) 两次左击确定两点创建线段　　(b) 多次左击创建首尾相接的多条线段

(c) 拖动生成圆弧　　(d) 圆弧的不同形式

图 2-11 直线工具的使用方法

2. 圆

圆工具共有两种，分别为圆心圆和相切圆，可通过点击工具下的下拉箭头选择，如图 2-12 所示。

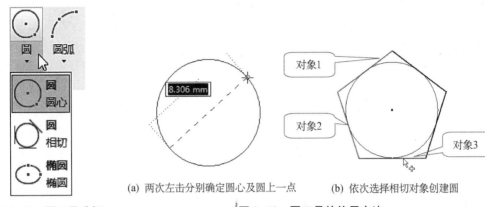

图 2-12 圆工具选择

(a) 两次左击分别确定圆心及圆上一点　　(b) 依次选择相切对象创建圆

图 2-13 圆工具的使用方法

若使用圆心圆工具创建圆，第一次左击确定圆心，第二次左击确定圆上任意一点，如图 2-13(a) 所示；若使用相切圆工具创建圆，通过连续左击选择相切的对象，当所选择的对象能唯一确定一个相切圆时，即可完成相切圆的创建，如图 2-13(b) 所示。

3. 圆弧

圆弧工具共有三种，分别为三点圆弧、相切圆弧和圆心圆弧，如图 2-14 所示。

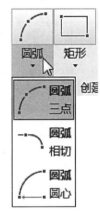

图 2-14 圆弧工具选择

若使用三点圆弧工具创建圆弧，需进行三次左击，分别对应圆弧的起点、终点和圆弧上任意一点，如图 2-15(a) 所示；若使用相切圆弧工具创建圆弧，需进行两次左击，分别用于选择相切的对象和指定圆弧的终点，如图 2-15(b) 所示；若使用圆心圆弧工具创建圆弧，需进行三次左击，分别用于指定圆弧的圆心、起点和终点，如图 2-15(c) 所示。

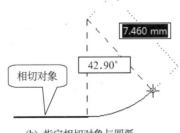

(a) 指定起点、终点与圆弧上　　(b) 指定相切对象与圆弧　　(c) 指定圆心、起点与终点
　　任意一点创建三点圆弧　　　　终点创建相切圆弧　　　　创建圆心圆弧

图 2-15 圆弧工具的使用方法

4. 矩形

矩形工具共有两种,分别为两点矩形和三点矩形,如图 2-16 所示。

两点矩形工具通常用于创建与坐标轴平行或垂直的矩形,使用该工具创建矩形,需两次左击分别确定矩形的两对角点,从而完成矩形的创建,如图 2-17(a)所示;三点矩形工具通常用于创建与坐标轴无平行或垂直关系的矩形,使用该工具创建矩形,需首先通过两次左击确定矩形一边的起点与终点,再通过两次左击确定其对边的位置,从而完成矩形的创建,如图 2-17(b)所示。两点中心矩形用于创建已知矩形中心位置的矩形,先选择矩形的中心点,再左击任意一点确定矩形的顶点,从而完成矩形的创建,如图 2-17(c)所示;三点中心矩形通常用于创建已知矩形中心点,且与坐标轴无平行或垂直关系的矩形,使用该工具创建矩形,首先点击矩形的中心,再左击矩形的对称边的起点和终点,再通过一次左击确定其邻边的位置,从而完成矩形的创建,如图 2-17(d)所示。

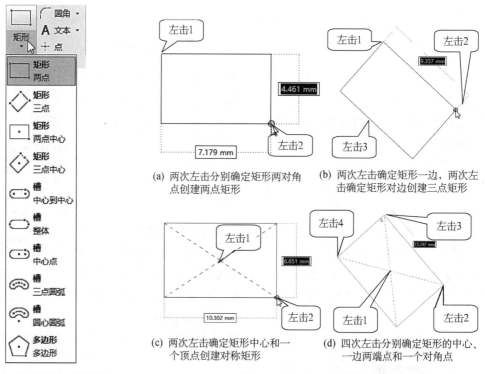

图 2-16　矩形工具选择

(a) 两次左击分别确定矩形两对角点创建两点矩形

(b) 两次左击确定矩形一边,两次左击确定矩形对边创建三点矩形

(c) 两次左击确定矩形中心和一个顶点创建对称矩形

(d) 四次左击分别确定矩形的中心、一边两端点和一个对角点

图 2-17　矩形工具的使用方法

5. 点

草图中的点常用于确定打孔特征的孔心位置,也可在草图中起到辅助定位作用。使用点工具,可在圆心、线段中点、几何图元的交点等位置创建点,如图 2-18 所示。

6. 多边形

多边形工具分为内切多边形和外切多边形两种形式。点击多边形工具将打开多边形工具对话框,可在该对话框中指定多边形的边数,并指定需要使用怎样的方式(内切或外切)来创建多边形,如图 2-19(a)和(b)所示。若选择内切方式,则需通过两次左击分别确定多边形的中心和某一顶点以完成多边形的创建,如图 2-19(c)所示;若选择外切方式,则需通过两次左击分别确定多边形的中心和某一边上的点以完成多边形的创建,如图 2-19(d)所示。

(a) 点工具在工具面板中的位置

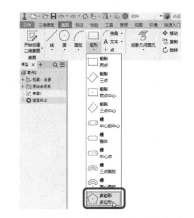

(b) 点工具的使用

图 2-18　点工具

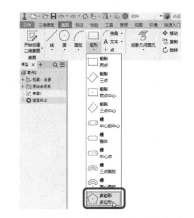

(a) 多边形工具在工具面板中的位置

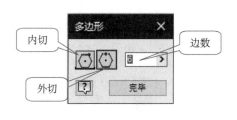

(b) 多边形工具对话框

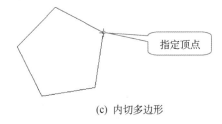

(c) 内切多边形

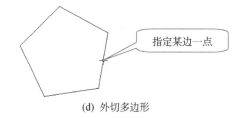

(d) 外切多边形

图 2-19　多边形工具

7. 圆角与倒角

圆角工具用于在拐角或两线的交点位置添加指定半径的圆弧;倒角工具用于在任意两条线的交点处添加倒角。二者可通过工具按钮右侧的箭头进行切换,如图 2-20 所示。

使用圆角工具,可首先在圆角对话框中输入圆角半径,然后选择拐角,完成圆角的添加,如图 2-21(a)所示;使用倒角工具,可首先选择倒角的方式并输入相关的长度或角度数值,然后选择拐角,完成倒角的添加,如图 2-21(b)所示。

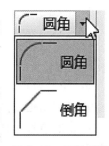

图 2-20　工具切换

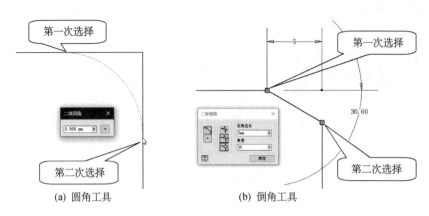

(a) 圆角工具　　　　　　　(b) 倒角工具

图 2-21　圆角与倒角工具

8. 椭圆

使用椭圆工具创建椭圆需通过三次左击进行，分别用于确定椭圆的中心、椭圆一轴的端点以及椭圆上任意一点，如图 2-22 所示。

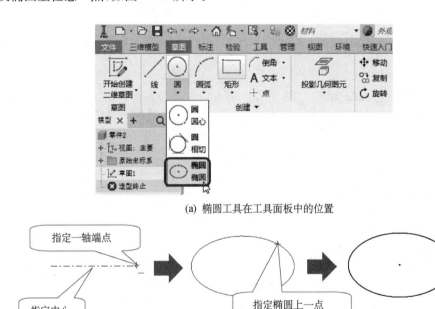

(a) 椭圆工具在工具面板中的位置

(b) 椭圆工具的使用

图 2-22　椭圆工具

9. 样条曲线

通过左击指定多个点，并在最后一个点指定完成后按回车键可完成样条曲线的创建。左击指定的点称为样条曲线的"控制点"，样条曲线的每一个控制点位置均有控制柄，左击选中控制点后右击，勾选右键菜单中的"激活控制柄"，然后调整控制柄的大小与方向，可进一步调整样条曲线的形状，如图 2-23 所示。

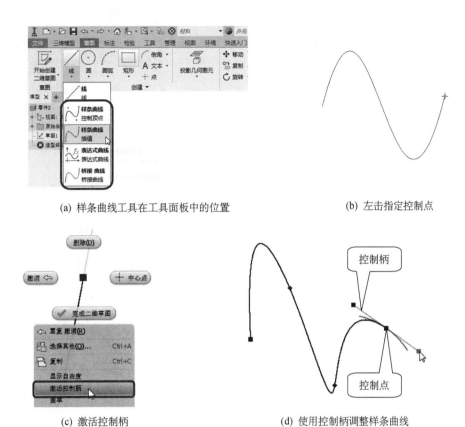

(a) 样条曲线工具在工具面板中的位置

(b) 左击指定控制点

(c) 激活控制柄

(d) 使用控制柄调整样条曲线

图 2-23　样条曲线工具

10. 投影几何图元与投影切割边

投影几何图元工具可将现有边、顶点、定位特征等投影到草图平面,如图 2-24(a)所示。投影切割边工具则可自动求解现有结构与草图平面的交线,如图 2-24(b)所示。投影几何图元与投影切割边工具可通过下拉箭头切换,如图 2-24(c)所示。二者得到的结果常作为创建草图时的定位参考。

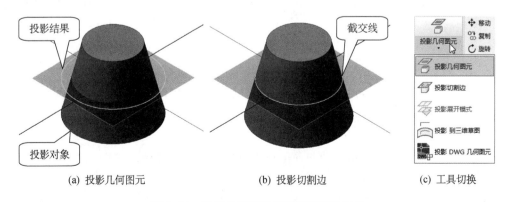

(a) 投影几何图元

(b) 投影切割边

(c) 工具切换

图 2-24　投影几何图元与投影切割边工具

使用投影切割边工具获得截交线后，浏览器中草图下会出现相应的内容。若需删除投影得到的截交线，须在浏览器中将其选中并右击，选择右键菜单中的"删除"，如图 2-25 所示。

图 2-25　截交线删除

2.2.2　草图编辑

用于编辑草图的工具按钮位于工具面板的"草图"选项卡的"修改"区域与"阵列"区域，如图 2-26 所示。

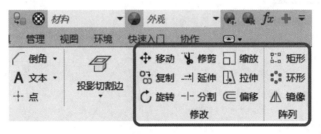

图 2-26　草图编辑工具

下面逐一介绍该区域中各种工具的使用方法。

1. 修剪

修剪工具可将完整的直线段或曲线段以其他几何图元为工具剪断并删除。使用修剪工具对草图进行编辑，首先点击工具面板中的"修剪"按钮，接下来将鼠标移至图形区待修剪的几何图元上预览修剪结果，然后左击确认修剪，如图 2-27 所示。

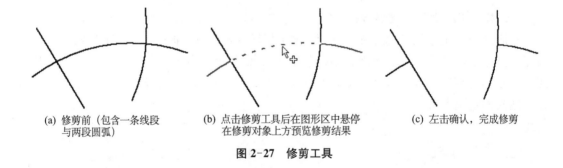

(a) 修剪前（包含一条线段　　(b) 点击修剪工具后在图形区中悬停　　(c) 左击确认，完成修剪
　　与两段圆弧）　　　　　　　在修剪对象上方预览修剪结果

图 2-27　修剪工具

2. 延伸

修剪工具可将直线段或曲线段延长至其他几何图元。延伸工具的使用方法与修剪工具相似，如图 2-28 所示。

3. 分割

分割工具可将几何图元以其他几何图元为分界分成多个部分，如图 2-29 所示。

4. 移动

移动工具用于改变几何图元在草图平面中的位置。使用移动工具改变几何图元位置时，首先点击"移动"按钮，打开"移动"对话框，按下对话框中"选择"前的箭头按钮并在图形

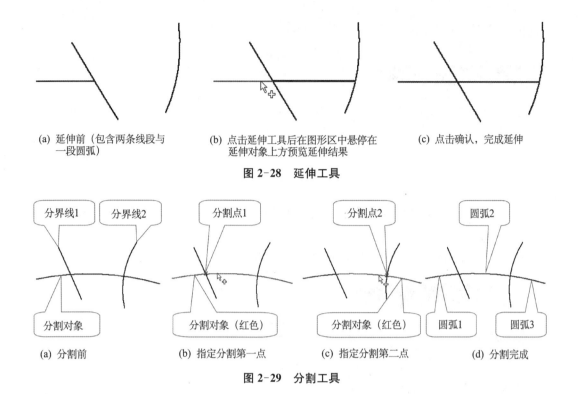

(a) 延伸前（包含两条线段与   (b) 点击延伸工具后在图形区中悬停在   (c) 点击确认，完成延伸
    一段圆弧）   延伸对象上方预览延伸结果

图 2-28　延伸工具

分界线1　分界线2　　　　分割点1　　　　　　分割点2　　　　　　圆弧2

分割对象　　　　　分割对象（红色）　　　分割对象（红色）　　　圆弧1　　圆弧3

(a) 分割前　　　　(b) 指定分割第一点　　　(c) 指定分割第二点　　　(d) 分割完成

图 2-29　分割工具

区中选择待移动的几何图元，接下来按下对话框中"基准点"前的箭头按钮并在图形区中指定移动过程中的基准点，然后在图形区中拖动鼠标改变基准点的位置，从而改变所有选中的几何图元在草图平面中的位置，如图 2-30 所示。

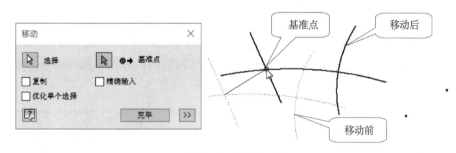

图 2-30　移动工具

若勾选"移动"对话框中的"复制"复选框，则将复制所选几何图元至指定的位置，同时原有的几何图元的位置不变；若勾选"精确输入"复选框，则可通过输入坐标的方式指定几何图元移到的位置；若勾选"优化单个选择"复选框，则选择单一几何图元后对话框将直接前进到基准点的选择，而不允许继续选择其他几何图元。

除使用移动工具改变几何图元在草图中的位置外，通过在图形区中选中几何图元并拖动的方式也可改变几何图元的位置，但后者可能改变选中几何图元的形状或大小。

5. 复制

复制工具用于快速创建与已有几何图元相同的几何图元。复制工具的使用方法与移动工具相似,如图 2-31 所示。

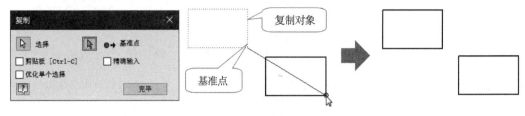

图 2-31　复制工具

若勾选"剪贴板"复选框,则可将选定的几何图元保存到剪贴板中,供再次粘贴使用。

6. 旋转

旋转工具用于改变几何图元的角度或方向,如图 2-32 所示。

图 2-32　旋转工具

7. 偏移

偏移工具用于将选定的几何图元以等间距的方式复制并移动。使用偏移工具时,首先点击"偏移"按钮,接下来在图形区中选择偏移对象,然后拖动鼠标预览偏移结果并在所需位置左击确定,如图 2-33 所示。

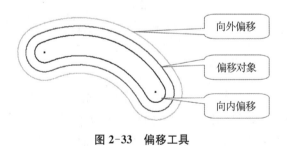

图 2-33　偏移工具

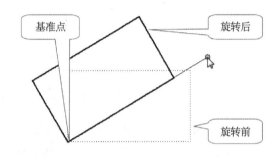

图 2-34　回路选择

偏移工具可对某一回路进行整体偏移,也可对单一几何图元进行偏移,二者的切换可通过点击"偏移"按钮激活偏移工具后右击,选择是否勾选右键菜单中的"回路选择"复选框来进行,如图 2-34 所示。

8. 缩放

缩放工具用于将选定的几何图元按照指定的比例放大或缩小,如图 2-35 所示。

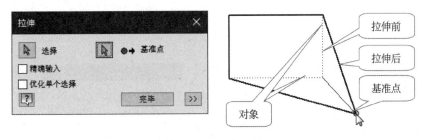

图 2-35　缩放工具

9. 拉伸

拉伸工具用于改变几何图元的形状,如图 2-36 所示。

图 2-36　拉伸工具

10. 矩形阵列

矩形阵列工具可将选定的几何图元按照两个给定的方向、间距及数量进行复制。矩形阵列工具的使用方法如图 2-37 所示。其中"方向"按钮用于选择阵列沿选定参考的哪一个方向进行[如图 2-37(c)中可通过该按钮选择阵列沿所选直线的左边或右边进行]。

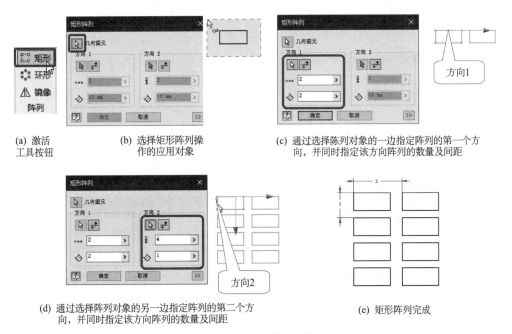

(a) 激活工具按钮

(b) 选择矩形阵列操作的应用对象

(c) 通过选择阵列对象的一边指定阵列的第一个方向,并同时指定该方向阵列的数量及间距

(d) 通过选择阵列对象的另一边指定阵列的第二个方向,并同时指定该方向阵列的数量及间距

(e) 矩形阵列完成

图 2-37　矩形阵列工具

阵列得到的几何图元间保持形状相同、大小相等,改变任一几何图元,其余相关几何图元均会发生相应的变化。在图形区中选中矩形阵列的对象或某一阵列得到的几何图元右击,便可通过右键菜单对矩形阵列进行删除、编辑或抑制操作,如图2-38所示。其中,删除或编辑将对整个阵列产生作用,而抑制则仅对选中的一个或多个对象产生作用。

图 2-38 阵列修改

11. 环形阵列

环形阵列工具可将选定的几何图元在指定的角度范围内,按给定的中心及数量沿环形复制。环形阵列工具的使用方法如图 2-39 所示。

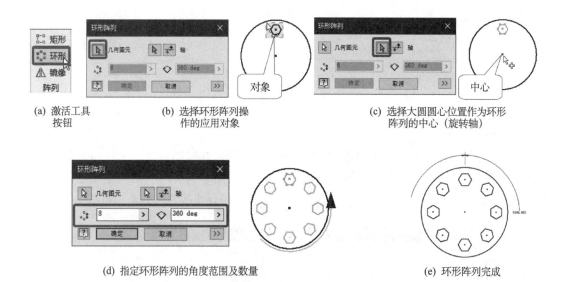

(a) 激活工具 (b) 选择环形阵列操 (c) 选择大圆圆心位置作为环形
按钮   作的应用对象   阵列的中心(旋转轴)

(d) 指定环形阵列的角度范围及数量   (e) 环形阵列完成

图 2-39 环形阵列工具

12. 镜像

镜像工具可将选定的几何图元复制并作对称变换。镜像工具的使用方法如图 2-40 所示。

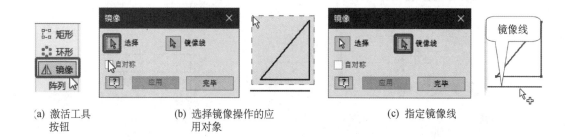

(a) 激活工具 (b) 选择镜像操作的应 (c) 指定镜像线
按钮   用对象

(d) 左击应用   (e) 镜像完成

图 2-40 镜像工具

2.2.3 草图约束

用于约束草图的工具按钮位于工具面板的"草图"选项卡
的"约束"区域,如图 2-41 所示。草图约束工具可分为几何约
束工具和尺寸约束工具两类。

图 2-41 草图约束工具

1. 几何约束

几何约束工具用于控制草图的形状。

1) 水平约束 ☰ 与竖直约束 ⫴

水平约束常用于使某一直线呈水平状态,也常用于将多个点放置在同一条水平线上。
添加水平约束,需首先点击水平约束工具按钮将其激活,然后依次选择待应用水平约束的两
个对象;也可首先将待应用水平约束的多个对象同时选中(按 Ctrl 键多选),然后点击水平约
束工具按钮为选中的对象添加约束,如图 2-42 所示。

(a) 激活工具并   (b) 水平约束使直线   (c) 选中三个圆的圆心并点   (d) 水平约束使三个圆
    选择对象   保持水平状态   击水平约束工具按钮   心同处于一条水平线上

图 2-42 水平约束

竖直约束的作用和应用方法与水平约束相似。另外,水平约束与竖直约束还常用于保
证某一图形的中心位于原始坐标的原点,如图 2-43 所示。

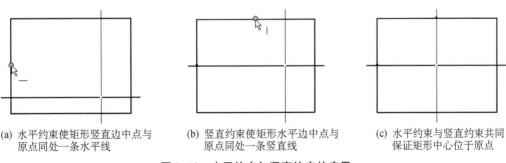

(a) 水平约束使矩形竖直边中点与   (b) 竖直约束使矩形水平边中点与   (c) 水平约束与竖直约束共同
    原点同处一条水平线   原点同处一条竖直线   保证矩形中心位于原点

图 2-43 水平约束与竖直约束的应用

2) 平行约束 ∥ 与垂直约束 ✕

平行约束与垂直约束用于为线性几何图元添加平行或垂直关系,如图 2-44 和图 2-45 所示。

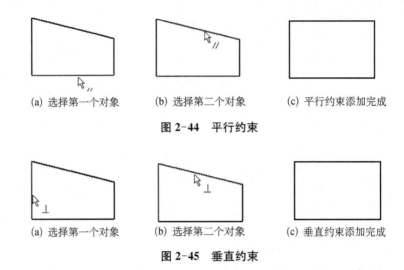

(a) 选择第一个对象   (b) 选择第二个对象   (c) 平行约束添加完成

图 2-44 平行约束

(a) 选择第一个对象   (b) 选择第二个对象   (c) 垂直约束添加完成

图 2-45 垂直约束

3) 重合约束 ⌐ 与同心约束 ◎

重合约束用于将点约束到其他几何图元,如图 2-46 所示;同心约束用于将圆或圆弧的圆心重合,如图 2-47 所示。

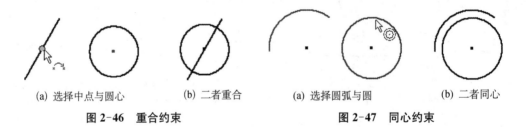

(a) 选择中点与圆心   (b) 二者重合   (a) 选择圆弧与圆   (b) 二者同心

图 2-46 重合约束   **图 2-47 同心约束**

4) 等长约束 ═ 与共线约束 ✓

等长约束用于使线段与线段长度相等或圆(弧)与圆(弧)半径相等,如图 2-48 所示;共线约束用于使线段与线段位于同一条直线上,如图 2-49 所示。

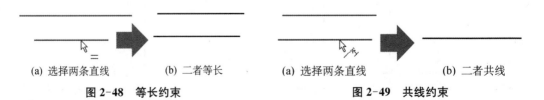

(a) 选择两条直线   (b) 二者等长   (a) 选择两条直线   (b) 二者共线

图 2-48 等长约束   **图 2-49 共线约束**

5) 相切约束 ⌒ 与平滑约束 ➢

相切约束用于指定曲线与曲面间的相切关系,如图 2-50 所示;平滑约束用于在样条曲线与其他曲线(如直线、圆弧等)之间确定曲率连续关系,如图 2-51 所示。

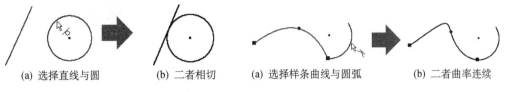

(a) 选择直线与圆　　(b) 二者相切　　　　(a) 选择样条曲线与圆弧　　(b) 二者曲率连续

图 2-50　相切约束　　　　　　　　图 2-51　平滑约束

6) 固定约束 🔒

固定约束用于将点或曲线固定在草图平面的某一位置,如图 2-52 所示。

7) 对称约束 〔〕

对称约束用于使选定的几何图元关于选定的直线对称,如图 2-53 所示。

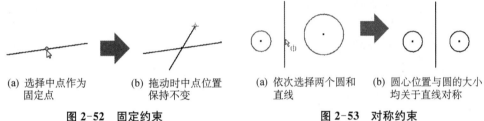

(a) 选择中点作为　　(b) 拖动时中点位置　　(a) 依次选择两个圆和　　(b) 圆心位置与圆的大小
　　固定点　　　　　　保持不变　　　　　　　直线　　　　　　　　　均关于直线对称

图 2-52　固定约束　　　　　　　　图 2-53　对称约束

2. 尺寸约束

尺寸约束工具用于控制草图的大小。

草图的尺寸约束可由工具面板中的通用尺寸按钮创建,如图 2-54 所示。使用通用尺寸工具按钮,可直接添加线性尺寸约束、角度尺寸约束与圆类尺寸约束,如图 2-55 所示。

图 2-54　通用尺寸
工具按钮

若将某一直线的特性改为"中心线"(方法为选中直线后点击草图工具面板"格式"区域中的中心线按钮),依次选择点(或线)与中心线便可为其添加完整的直径尺寸,如图 2-56 所示。

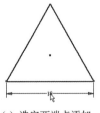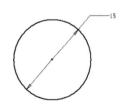

(a) 选定两端点添加　(b) 选定线段添加　(c) 选定两条边添加　(d) 选定圆(或圆弧)添加
　　线性尺寸　　　　　线性尺寸　　　　　角度尺寸　　　　　圆类尺寸

图 2-55　直接添加尺寸约束

点击激活通用尺寸按钮并在图形区中选定几何图元后右击,可根据需要选择不同的尺寸形式,如图 2-57 所示。

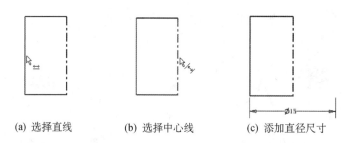

(a) 选择直线   (b) 选择中心线   (c) 添加直径尺寸

图 2-56　添加完整的直径尺寸

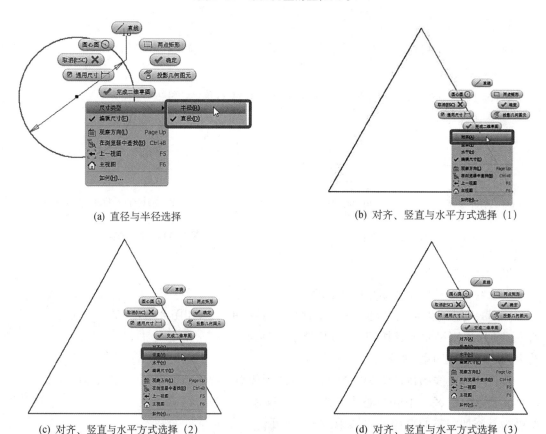

(a) 直径与半径选择   (b) 对齐、竖直与水平方式选择（1）

(c) 对齐、竖直与水平方式选择（2）   (d) 对齐、竖直与水平方式选择（3）

图 2-57　通过右键菜单选择不同的尺寸约束方式

　　若需从圆的相切位置引出尺寸线，可首先选择直线或圆弧，然后在另一个圆弧位置移动，待出现相切提示符号后左击确定引出尺寸线，如图 2-58 所示。

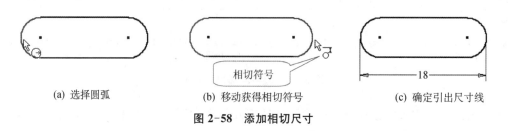

(a) 选择圆弧   (b) 移动获得相切符号   (c) 确定引出尺寸线

图 2-58　添加相切尺寸

3. 约束的自动识别与添加

默认状态下,绘制草图时系统会自动推测并添加约束,如图 2-59 所示,系统将为第三条线段自动添加与第一条线段平行的几何约束。

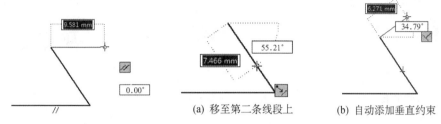

图 2-59　平行约束的自动添加
　　(a) 移至第二条线段上　　(b) 自动添加垂直约束
图 2-60　自动约束对象的选择

若需改变自动约束的添加对象,在如图 2-59 所示的直线创建过程中,需要添加第三条线段和第二条线段的垂直约束,可在左击确定第三条线段的右端点前将鼠标移至第二条线段的上方并稍作停留,再次移开并在相应的位置左击确定,便可自动添加二者的垂直约束,如图 2-60 所示。

若不希望自动识别及添加约束,可在绘制几何图元时按 Ctrl 键以达到禁用此功能的目的。

4. 约束的查看与编辑

对于几何约束,在图形区的空白位置右击,选择右键菜单中的"显示所有约束",可对已经添加的所有几何约束进行查看;在某一几何图元上左击选中该图元,软件自动显示该图元的相关约束,如图 2-61 所示。若需修改某一约束,首先应将其选中并右击,然后选择右键菜单中的"删除",如图 2-62 所示。

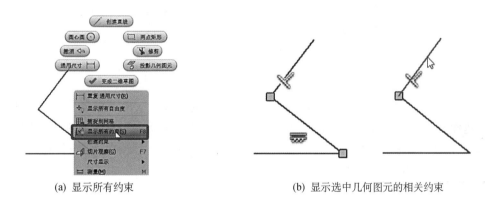

(a) 显示所有约束　　(b) 显示选中几何图元的相关约束
图 2-61　几何约束的查看

对于尺寸约束,创建完成便可对其进行查看。若需调整尺寸大小,可在退出通用尺寸工具后在图形区中单击相应的数值,并在打开的尺寸对话框中输入新的数值以完成修改,如图 2-63 所示。若需在添加尺寸约束后直接对其进行修改,可在激活通用尺寸工具的情况下在图形区中右击,并勾选右键菜单中的"编辑尺寸"复选框,如图 2-64 所示。

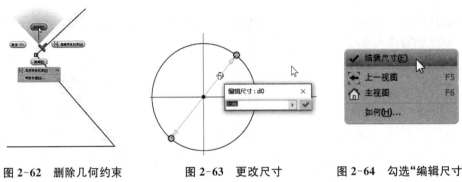

图 2-62 删除几何约束　　　　图 2-63 更改尺寸　　　　图 2-64 勾选"编辑尺寸"

2.3 零件建模

如前所述,使用 Inventor 创建三维模型是创建草图与添加特征的过程。Inventor 特征可分为草图特征、放置特征和定位特征三类。

2.3.1 草图特征

草图特征是在草图的基础上创建的特征。草图特征工具位于工具面板"模型"选项卡的"创建"区域,如图 2-65 所示,包括拉伸、旋转、放样、扫掠、加强筋、螺旋扫掠、凸雕、衍生与贴图等。

图 2-65 草图特征工具

1. 拉伸

拉伸特征用于将草图轮廓沿垂直于草图平面的方向添加或去除零件材料,或使用草图轮廓创建曲面。新建零件文件并完成草图创建后,点击工具面板的"拉伸"按钮,打开"拉伸"对话框,如图 2-66 所示。"拉伸"对话框中采用工作流程图方式从上往下分布各种对应的命令。下面介绍"拉伸"对话框中各项的含义与使用方法。

1) 截面轮廓选择

按下"截面轮廓"前的选择按钮,可在图形区中选择已有的草图轮廓(可见且未退化)作为拉伸特征的截面轮廓。

2) 输出方式选择

拉伸特征的输出方式可以为实体,也可以为曲面。拉伸对话框中默认为实体输出,想要输出曲面时,点击实体输出按钮,即可切换为曲面输出。两种输出方式的区别如图 2-67 所示。

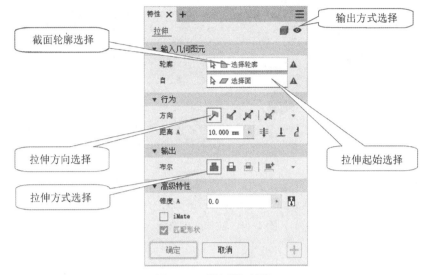

图 2-66　"拉伸"对话框

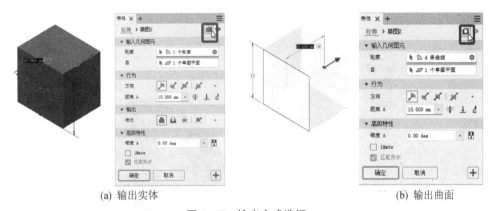

(a) 输出实体　　　　　　　　　　　　(b) 输出曲面

图 2-67　输出方式选择

3）拉伸方式选择

图 2-66 所示对话框中三种拉伸方式分别为求并、求差与求交，即分别为添加材料、去除材料与求共有部分三种方式，三者的差别如图 2-68 所示。

(a) 求并（在原有特征基础上添加材料）　　(b) 求差（在原有特征基础上去除材料）

(c) 求交（仅保留此次拉伸与原有零件结构的共有部分）

图 2-68　拉伸方式选择

4）拉伸范围指定

拉伸范围共包含"距离""到""到下一个""自某一面开始到"与"贯通"五种方式,可通过图 2-66 所示对话框中"行为"区域命令选择。五种拉伸范围指定方式如图 2-69 所示。

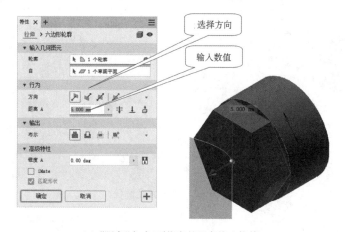

（a）"距离"方式(到指定的距离终止拉伸)

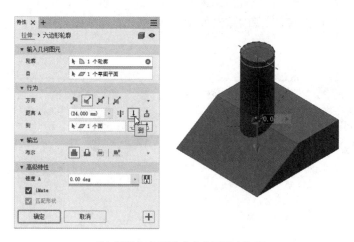

（b）"到"方式(到选定的表面终止拉伸)

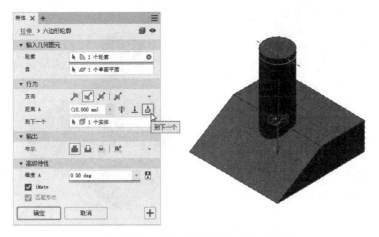

（c）"到下一个"方式（到实体表面终止拉伸）

（d）"到"与"到下一个"方式的差别

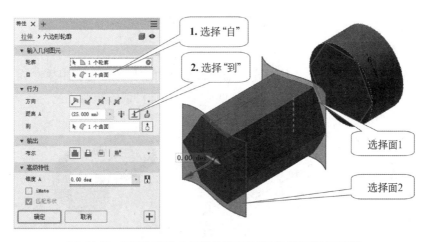

（e）"自某一面开始到"的方式（拉伸特征将在选定的两面之间创建）

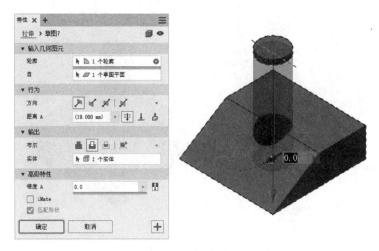

(f)"贯通"方式(求差与求交方式时有效,拉伸可向某一方向无限进行)

图 2-69 拉伸特征拉伸范围的确定

5)"拉伸"对话框"高级特性"

"拉伸"对话框"高级特性"里的"锥度 A"用于指定拉伸时的角度,该角度将使拉伸的截面轮廓逐渐增大或减小,如图 2-70 所示。

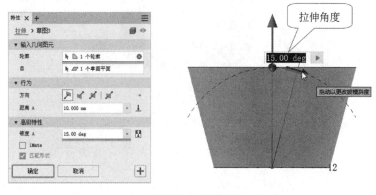

图 2-70 "拉伸"对话框"高级特征"

2. 旋转

旋转特征用于将草图轮廓绕某一旋转轴旋转来创建实体或曲面,如图 2-71 所示。"旋转"对话框如图 2-72 所示,对话框中各选项的含义与拉伸对话框相似。

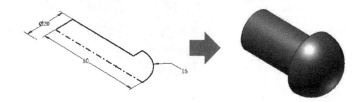

图 2-71 旋转特征

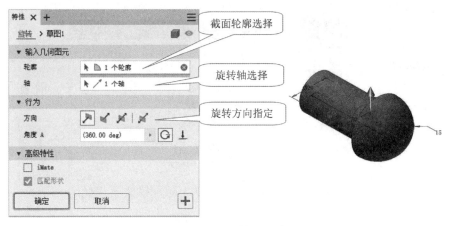

图 2-72 "旋转"对话框

3. 放样

放样特征用于在两个或两个以上的截面轮廓之间根据指定的路径与条件创建实体或曲面,如图 2-73 所示。

"放样"对话框如图 2-74 所示,图中"截面"区域用于选择放样特征所使用的草图轮廓截面;"放样方式"区域可选择进一步控制放样形体的方式。

常用放样方式有"轨道"和"中心线",使用时应注意:若选择"轨道"方式,用作放样轨道的草图必须由第一个截面开始,到最后一个截面终止,且轨道必须与每一个截面轮廓相交;若选择"中心线"方式,用作放样中心线的草图虽不需与截面相交,但必须由第一个截面开始,到最后一个截面终止。

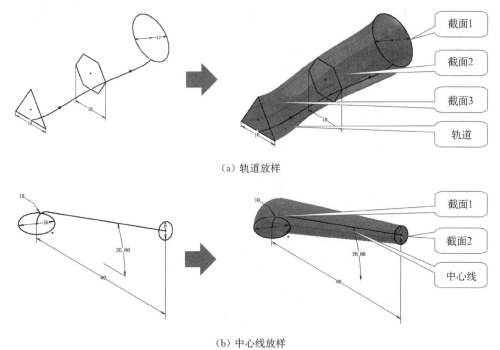

(a)轨道放样

(b)中心线放样

图 2-73 放样特征

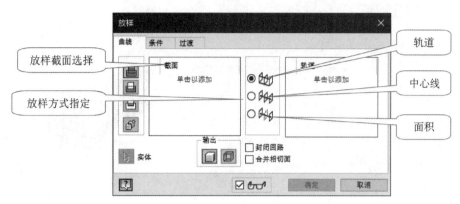

图 2-74　"放样"对话框

4. 扫掠

扫掠特征是选定的截面轮廓沿指定的路径移动而生成的实体或曲面,如图 2-75 所示。

"扫掠"对话框如图 2-76 所示。当扫掠方式选为"路径"方式时,可进一步选择路径或平行两种方向。若使用"路径",截面轮廓将垂直于扫掠曲线;若使用"平行",截面轮廓将始终保持与原始截面轮廓草图平行,如图 2-77 所示。扫掠锥角与拉伸角度的含义相似,该角度将使扫掠截面逐渐增大或减小。

图 2-75　扫掠特征

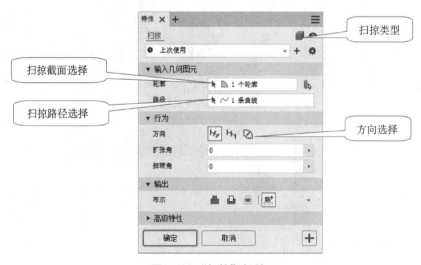

图 2-76　"扫掠"对话框

(a) 路径方式   (b) 平行方式

图 2-77 路径方式与平行方式

5. 加强筋

加强筋特征用于通过加强筋骨架草图快速创建网状加强筋肋板式加强筋,如图 2-78 所示。

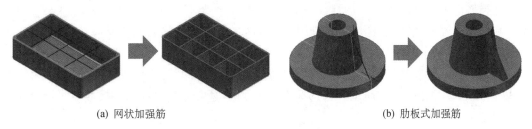

(a) 网状加强筋   (b) 肋板式加强筋

图 2-78 加强筋特征

"加强筋"对话框如图 2-79 所示,对话框中各工具含义如下。

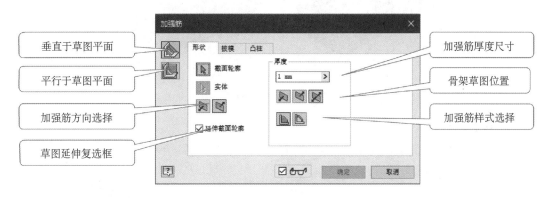

图 2-79 "加强筋"对话框

1) 垂直于草图平面与平行于草图平面

垂直于草图平面的方式常用于创建如图 2-78(a)所示的网状加强筋;平行于草图平面的方式常用于创建如图 2-78(b)所示的肋板式加强筋。

2) 加强筋方向选择

加强筋方向选择常用于指定加强筋的创建方向。如选择垂直于草图平面的方式后,加强筋方向选择按钮将用于确定加强筋特征向草图平面上方或下方创建。

3) 草图延伸复选框

当用于创建加强筋特征的草图不完整时,勾选该复选框可在不对原草图进行修改的前提下用延伸后的草图轮廓创建加强筋特征,如图 2-80 所示。

图 2-80　延伸截面轮廓复选框

4) 加强筋厚度尺寸与骨架草图位置

加强筋厚度尺寸用于指定加强筋或肋板的宽度,骨架草图位置用于指定向骨架草图的那一侧创建加强筋或肋板(也可以将骨架草图作为中心创建加强筋或肋板)。

5) 加强筋样式选择

加强筋样式可以是封闭式的(第一种方式"到表面或平面"),也可以是开放式的(第二种方式"有限的"),如图 2-81 所示。若选择为开放式的,还需通过输入另一尺寸值来指定加强筋的宽度。

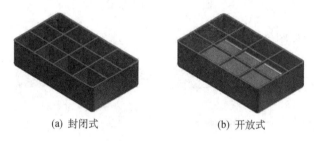

(a) 封闭式　　　　　　　(b) 开放式

图 2-81　封闭或开放

6. 螺旋扫掠

螺旋扫掠是截面轮廓沿螺旋线进行的扫掠特征,如图 2-82 所示。

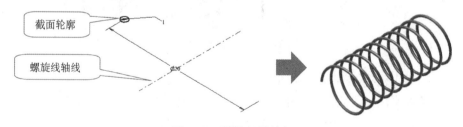

截面轮廓

螺旋线轴线

图 2-82　螺旋扫掠特征

"螺旋扫掠"对话框如图 2-83 所示,该对话框共有"螺旋形状""螺旋规格"和"螺旋端部"三个选项卡。"螺旋形状"选项卡用于选取螺旋扫掠特征的截面轮廓、指定螺旋线轴线、选取螺旋方向等;"螺旋规格"选项卡用于选择指定螺旋线参数的方式(如通过转数和高度指定,或通过螺距和转数指定)并输入相应的数值;"螺旋端部"选项卡用于指定螺旋扫掠特征两端的特性。

(a)"螺旋形状"选项卡

(b)"螺旋规格"选项卡

(c)"螺旋端部"选项卡

图 2-83 "螺旋扫掠"对话框

7. 凸雕

凸雕特征用于将草图截面轮廓按一定的厚度以凸起或凹进的方式缠绕或投影至零件的表面,如图 2-84 所示。

图 2-84 凸雕特征

"凸雕"对话框如图 2-85 所示。对话框中,"折叠到面"用于选择是否将轮廓缠绕到零件表面来创建凸雕,如图 2-86 所示;方式选择可指定凸雕是从面凸起、向内凹进或是根据草图平面与零件表面的相对位置自动确定,如图 2-87 所示。

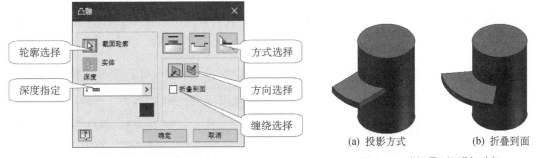

图 2-85 "凸雕"对话框   图 2-86 "折叠到面"复选框

8. 衍生

衍生工具是以已有零部件为基础,借助布尔运算操作创建零部件的工具。衍生功能的使用方法将在第 3 章中介绍。

(a) 草图　　　　(b) 凸雕　　　　(c) 凹雕　　　　(d) 自动（1）　　　(e) 自动（2）

图 2-87　凸雕方式选择

9. 贴图

贴图特征用于将草图中的图像包裹在零件的表面，如图 2-88 所示。

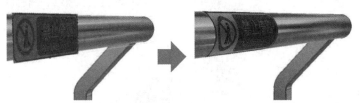 

图 2-88　贴图特征　　　　　　　　　　图 2-89　"贴图"对话框

贴图特征工具按钮位于图 2-65 所示创建区域的下拉箭头中，"贴图"对话框如图 2-89 所示。对话框中的"图像"按钮用于选择草图中的图像；"面"按钮用于选择贴图特征的应用对象，即零件的表面；"折叠到面"复选框与凸雕特征中的该复选框含义相同，用于选择贴图的方式是投影至表面或是缠绕到表面；"链选面"复选框用于贴图表面不是单一曲面的情况，勾选此项可选择多个曲面作为贴图面。

2.3.2　放置特征

放置特征是在已有实体的基础上创建的特征。放置特征工具位于工具面板"模型"选项卡的"修改"区域，包括孔、圆角、倒角、抽壳、拔模、螺纹、折弯零件等，如图 2-90 所示。

图 2-90　放置特征工具

1. 孔

孔特征用于在实体上创建孔。"孔"对话框如图 2-91 所示。

1）孔心放置方式

孔心放置方式有从草图、面和位置、同心、工作点四种，如图 2-92 所示。若使用从草图方式，则在创建打孔特征前应首先绘制用于指定孔心位置的草图；若使用面和位置方式，则

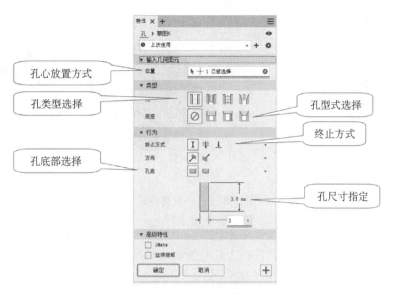

图 2-91 "孔"对话框

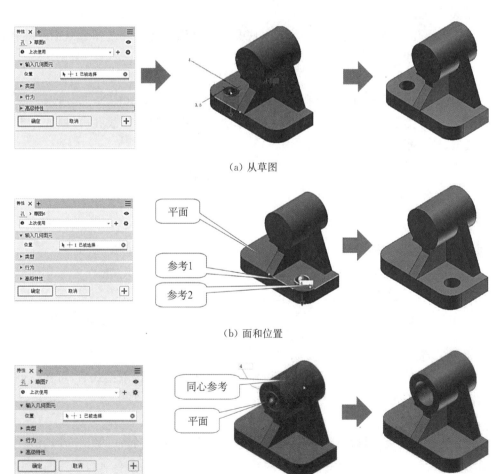

（a）从草图

（b）面和位置

（c）同心

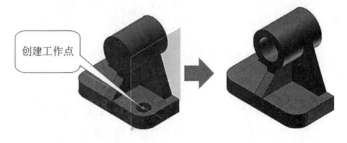

（d）工作点

图 2-92　孔心放置方式

应首先选择打孔表面,然后依次选择两条边作为孔心的定位参照;若使用同心方式,则在选取打孔表面后,需选取某一圆或圆柱作为孔心的定位参照,即将孔心位置与圆心或圆柱的轴线重合;若使用工作点方式,则应先创建一个工作点作为孔的圆心,再选择打孔方向,即孔轴线的方向。

2）孔底部选择

对于非贯通孔,可选择其底部的型式（平底孔或有锥度的孔）;若选择为有锥度的孔,还可进一步指定其锥度的大小。

3）孔类型选择

孔类型有简单孔、配合孔、螺纹孔与锥螺纹孔四种可供选择,如图 2-93 所示。除简单孔,选择其他三种类型后均需要进一步输入参数,如选择孔类型为螺纹孔后,须进一步指定螺纹的类型、规格等,如图 2-94 所示。

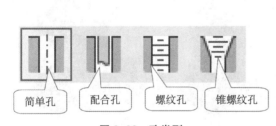

图 2-93　孔类型

图 2-94　螺纹参数指定

4）孔型式选择与孔尺寸指定

孔型式有直孔、沉头孔、沉头平面孔与倒角孔四种可供选择,选取型式后,可在右侧按照图示指定孔的尺寸,如图 2-95 所示。

5）孔终止方式

孔终止方式有距离、贯通与到三种,各终止方式的含义与拉伸特征的终止方式相似。

2. 圆角

圆角特征用于在实体的边或实体的表面之间添加圆角,如图 2-96 所示。

"圆角"对话框如图 2-97 所示,对话框中提供边圆角、面圆角、全圆角三种创建圆角的方式。

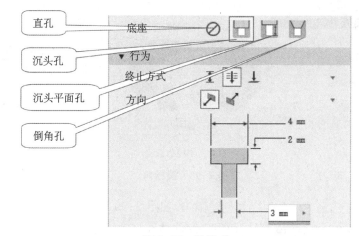

图 2-95　孔型式

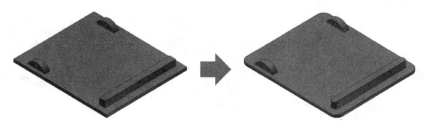

图 2-96　圆角特征

图 2-97　"圆角"对话框

　　边圆角用于在一条或多条零件边上创建圆角,圆角可以是等半径的圆角,也可以是变半径的圆角,若为变半径圆角,需要指定若干控制点来设置圆角的尺寸,如图 2-98 所示。

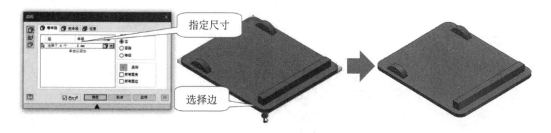

(a) 等半径边圆角

（b）变半径边圆角

图 2-98 边圆角

面圆角用于在选定的两个面之间创建圆角，如图 2-99 所示。面圆角的尺寸可以通过对话框自行指定，也可由 Inventor 根据两面集间的情况自动指定。

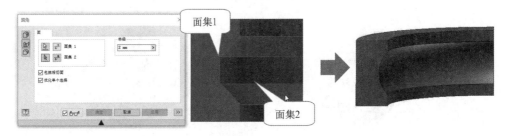

图 2-99 面圆角

全圆角用于在三个相邻的面集之间创建圆角，如图 2-100 所示。全圆角的尺寸由 Inventor 根据三个面集的尺寸自动确定。

图 2-100 全圆角

3．倒角

倒角特征用于在零件的棱边创建斜角，如图 2-101 所示。

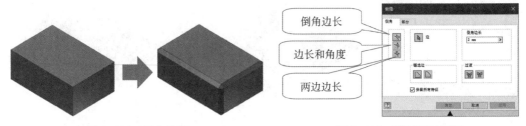

图 2-101 倒角特征　　　　　　　　　　**图 2-102 "倒角"对话框**

"倒角"对话框如图 2-102 所示。可通过指定倒角边长（倒角两边等长）、指定边长和角度以及指定两边边长三种方式对零件的棱边添加倒角。以等边长倒角为例，添加倒角特征的过程如图 2-103 所示。

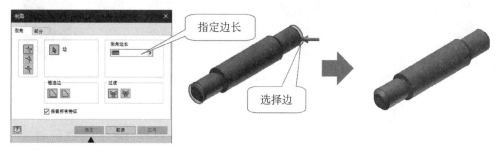

图 2-103　倒角特征的添加

4. 抽壳

抽壳特征用于去除零件内部的材料，使零件内部成为空腔，如图 2-104 所示。

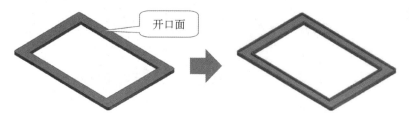

图 2-104　抽壳特征

"抽壳"对话框如图 2-105 所示，通过该对话框可选择开口面，指定壳厚度，并选择抽壳方向。抽壳方向有向内、向外和双向三种。若选择向内抽壳，则原实体外表面将成为空腔零件的外表面；若选择向外抽壳，则原实体外表面将成为空腔零件的内表面；若选择双向抽壳，则原实体表面将成为空腔件壁厚的中间面，且该面内外两边的壁厚相等。

图 2-105　"抽壳"对话框

抽壳特征的开口面可以选择为单一表面（图 2-104）或多个表面（图 2-106），也可以不做选择。若不做选择，则生成没有开口的空腔零件（图 2-107）。

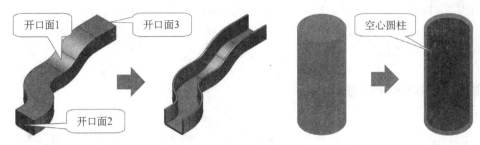

图 2-106 开口面为多个表面的抽壳特征   图 2-107 无开口面的抽壳特征

5. 拔模

拔模特征用于为零件的表面添加斜度,从而方便零件从模具中取出。"拔模斜度"对话框如图 2-108 所示,使用该对话框可通过固定边、固定平面和分模线三种方式为零件添加拔模特征。

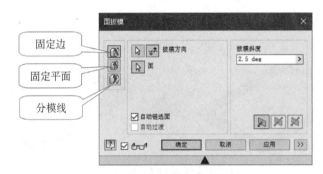

图 2-108 "拔模斜度"对话框

使用固定边方式添加拔模特征时,首先选择零件表面的一条直线作为拔模的方向,并可通过对话框中"拔模方向"左边的图标 ✛ 改变其方向,然后选择需要添加斜度的零件表面,最后单击确定完成拔模斜度特征的添加,如图 2-109 所示。注意,若选择零件侧表面的下半部分,则零件底面的尺寸将在拔模前后保持不变;若选择零件侧表面的上半部分,则零件顶面的尺寸将在拔模前后保持不变(图 2-109 中选择零件侧表面下半部分)。

使用固定平面方式添加拔模特征时,首先选择拔模过程中尺寸保持不变的面(该面与拔模方向垂直),接下来选择需要添加斜度的零件表面,然后进一步选择拔模形式,最后单击确定完成拔模斜度特征的添加,如图 2-110 所示。

(a) 未添加斜度的零件   (b) 通过选择零件的边指定拔模方向

(c) 选择待添加斜度的零件表面（选择侧面下部分将使底面尺寸固定）　　　(d) 拔模斜度特征添加完成

图 2-109　固定边方式的拔模斜度特征

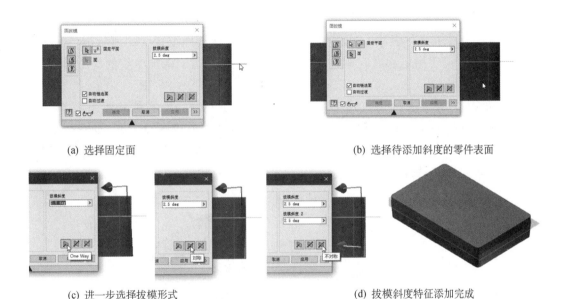

(a) 选择固定面　　　　　　　　　　　　　　(b) 选择待添加斜度的零件表面

(c) 进一步选择拔模形式　　　　　　　　　(d) 拔模斜度特征添加完成

图 2-110　固定平面方式的拔模斜度特征

使用分模线方式添加拔模特征时,首先选择零件表面的一条直线作为拔模的方向,并可通过对话框中"拔模方向"左边的图标 改变其方向,接下来选择草图中的相关几何图元指定分模线,然后进一步选择拔模形式(仅对称和不对称两种形式可用),最后单击确定完成拔模斜度特征的添加,如图 2-111 所示。

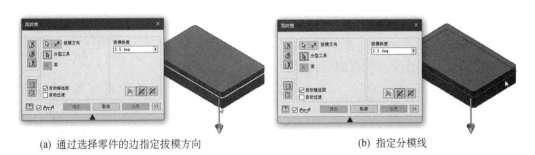

(a) 通过选择零件的边指定拔模方向　　　　　　　(b) 指定分模线

(c) 进一步选择拔模形式　　　　　　　　(d) 拔模斜度特征添加完成

图 2-111　分模线方式的拔模斜度特征

6．螺纹

螺纹工具用于在零件表面添加螺纹特征。"螺纹"对话框如图 2-112 所示,对话框中的"输入几何图元"用于指定螺纹在零件表面的位置;"螺纹"用于指定螺纹的类型、规格、大小等。

使用螺纹工具在零件表面添加螺纹时,首先选择待添加螺纹特征的表面,接下来指定螺纹的长度及方向或选择为全螺纹,然后在"螺纹"区域中指定螺纹的规格、大小等,如图 2-113 所示(此例中螺纹长度为 12 mm,螺纹类型选择为"GB Metric Profile",规格为"M8×1.25",精度等级为"6g",且为右旋螺纹)。

图 2-112　"螺纹"对话框

图 2-113　螺纹特征创建

7．折弯零件

折弯零件工具用于为零件添加弯折特征,如图 2-114 所示。

折弯零件工具按钮位于图 2-90 所示修改区域的下拉箭头中,"折弯零件"对话框如图 2-115 所示。

1) 折弯线选择

折弯线是零件折弯部分与非折弯部分的分界线。折弯线需由草图创建,一般用于放置折弯线的草图平面应与零件的轴向平行,如图 2-116 所示。

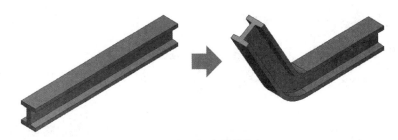

图 2-114 折弯零件特征

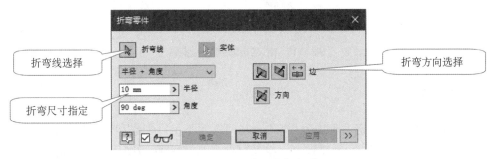

图 2-115 "折弯零件"对话框

2）折弯尺寸指定

折弯尺寸可通过"半径＋角度""半径＋弧长"与"弧长＋角度"三种方式指定，以"半径＋角度"方式为例，两参数的含义如图 2-117 所示。

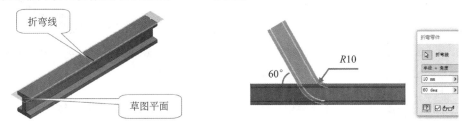

图 2-116 折弯线选择　　　　　　图 2-117 折弯尺寸指定

3）折弯方向选择

点击对话框中的折弯方向选择按钮，可选择折弯将发生在折弯线的哪一侧，如图 2-118 所示。

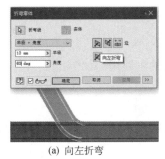

(a) 向左折弯　　　　(b) 向右折弯　　　　(c) 向两侧折弯

图 2-118 折弯方向选择

创建折弯特征的步骤如图 2-119 所示。

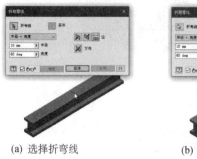  

(a) 选择折弯线　　　　(b) 设置折弯参数并选择方向　　　　(c) 完成折弯

图 2-119　创建折弯特征的步骤

2.3.3　定位特征

定位特征是抽象的构造几何图元,当现有几何图元不足以创建和定位新特征时,可使用定位特征。如图 2-120 所示,创建轴上键槽特征需首先在平面绘制用于创建键槽特征的草图,而零件中并不具有能够放置该草图的平面,此时可首先创建定位特征工作平面,然后在该工作平面上创建键槽的截面轮廓,从而完成键槽特征的创建。

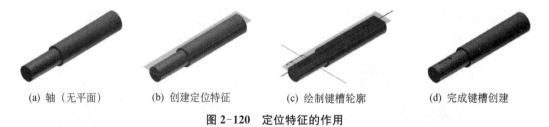

(a) 轴（无平面）　　(b) 创建定位特征　　(c) 绘制键槽轮廓　　(d) 完成键槽创建

图 2-120　定位特征的作用

定位特征工具位于工具面板"模型"选项卡的"定位特征"区域,如图 2-121 所示。

图 2-121　定位特征工具

1. 工作平面

工作平面是用户自定义的、参数化的坐标平面。工作平面的主要用途如下:

● 创建依附于这个面的新草图、工作轴或工作点;

● 提供参考,作为特征的终止面或装配的定位参考面。

创建工作平面的常用方法如图 2-122—图 2-127 所示(执行以下图示操作前,须首先点击图 2-121 中的"平面"按钮)。

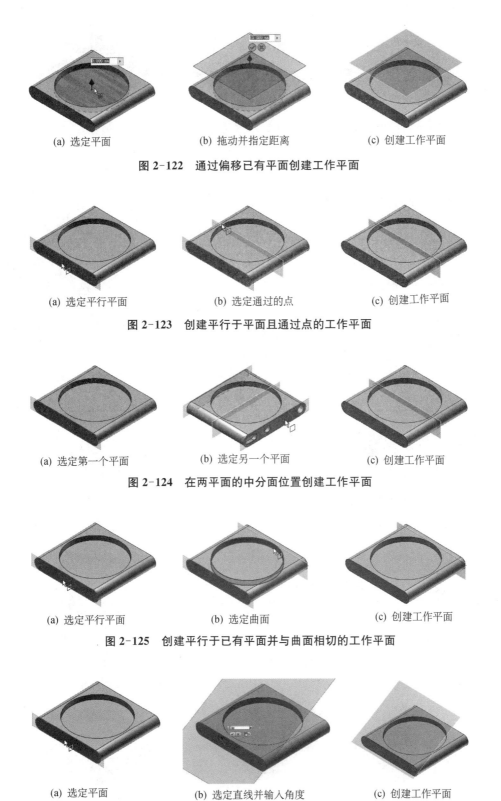

(a) 选定平面　　　　　　(b) 拖动并指定距离　　　　(c) 创建工作平面

图 2-122　通过偏移已有平面创建工作平面

(a) 选定平行平面　　　　(b) 选定通过的点　　　　(c) 创建工作平面

图 2-123　创建平行于平面且通过点的工作平面

(a) 选定第一个平面　　　(b) 选定另一个平面　　　(c) 创建工作平面

图 2-124　在两平面的中分面位置创建工作平面

(a) 选定平行平面　　　　(b) 选定曲面　　　　　　(c) 创建工作平面

图 2-125　创建平行于已有平面并与曲面相切的工作平面

(a) 选定平面　　　　　(b) 选定直线并输入角度　　(c) 创建工作平面

图 2-126　创建通过选定直线并与指定平面成一定角度的工作平面

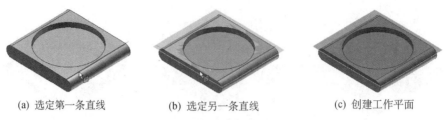

(a) 选定第一条直线   (b) 选定另一条直线   (c) 创建工作平面

图 2-127　创建由两条直线确定的工作平面

2. 工作轴

工作轴是依附于实体的几何直线。工作轴的主要作用如下。

- 创建工作平面和工作点；
- 投影至草图中作为定位参考；
- 为旋转特征、环形阵列提供轴线；
- 为装配约束提供参考。

创建工作平面的常用方法如图 2-128—图 2-132 所示（执行以下图示操作前，须首先点击图 2-121 中的"轴"按钮）。

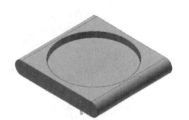

图 2-128　选择已有直线创建工作轴

通过选取圆柱表面确定轴线位置

图 2-129　选择圆柱面在其轴线位置创建工作轴

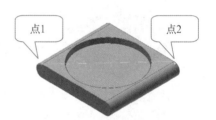

点1　点2

图 2-130　选择两点创建工作轴

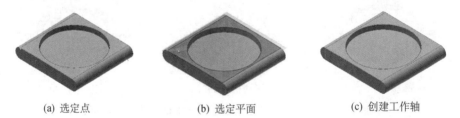

(a) 选定点   (b) 选定平面   (c) 创建工作轴

图 2-131　创建通过指定点并与选定的平面垂直的工作轴

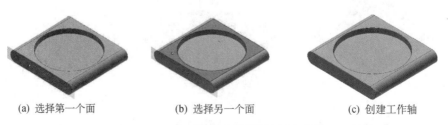

(a) 选择第一个面   (b) 选择另一个面   (c) 创建工作轴

图 2-132　在两面相交的位置创建工作轴

3. 工作点

工作点是没有大小只有位置的几何点。工作点的主要作用如下。

- 创建工作平面和工作轴;
- 投影至草图作为定位参考;
- 为三维草图提供参考;
- 为装配约束提供参考。

创建工作平面的常用方法如图 2-133、图 2-134 所示(执行以下图示操作前,须首先点击图 2-121 中的"点"按钮)。

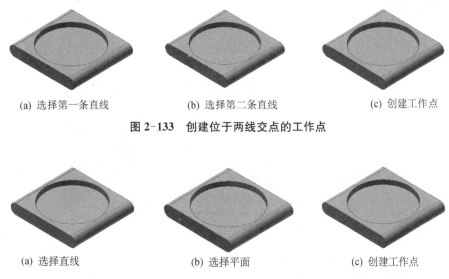

(a) 选择第一条直线	(b) 选择第二条直线	(c) 创建工作点

图 2-133　创建位于两线交点的工作点

(a) 选择直线	(b) 选择平面	(c) 创建工作点

图 2-134　创建位于线面交点的工作点

2.3.4　阵列

阵列工具可按一定的规律对零部件的特征进行复制。阵列工具位于工具面板"模型"选项卡的"阵列"区域,如图 2-135 所示,共有矩形、环形与镜像三种形式。

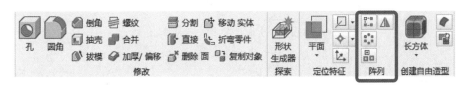

图 2-135　阵列工具

1. 矩形

矩形阵列方式将按照两个指定的方向阵列实体或特征,如图 2-136 所示。

使用矩形阵列时,首先点击图 2-135 中的"矩形"按钮打开"矩形阵列"对话框,接下来在图形区或浏览器中选择待阵列的特征,与草图矩形阵列相似,此时可通过选择零件特征的边线指定阵列的一个方向,并在对话框中输入阵列的数量与间距,然后用同样的方法指定阵列

图 2-136 矩形阵列

的另一个方向及该方向的数量与间距，单击"确定"应用设置并关闭对话框，完成零部件特征的矩形阵列，如图 2-137 所示。

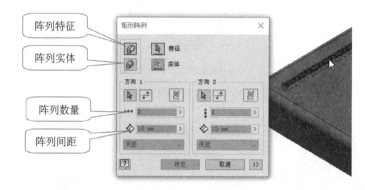

（a）选择待阵列的特征

（b）指定两个方向并分别指定数量与间距

图 2-137 矩形阵列创建步骤

2. 环形

环形阵列方式将按照选定的旋转轴以环形的方式复制实体或特征，如图 2-138 所示。

使用环形阵列时，首先点击图 2-135 中的"环形"按钮打开"环形阵列"对话框，接下来在图形区或浏览器中选择待阵列的特征，与草图环形阵列相似，此时可通过选择回转体特征的表面或

图 2-138 环形阵列

选择工作轴指定环形阵列的轴线,并在对话框中输入阵列的数量与角度范围,单击"确定"应用设置并关闭对话框,完成零部件特征的环形阵列,如图 2-139 所示。

(a) 选择阵列对象

(b) 通过选择圆柱表面指定旋转轴

(c) 指定阵列数量与角度范围

(d) 完成环形阵列

图 2-139　环形阵列创建步骤

3. 镜像

镜像工具将按照跨平面、等距离的方式复制实体或特征,如图 2-140 所示。

使用镜像工具时,首先点击图 2-135 中的"镜像"工具按钮打开"镜像"对话框,在按下对话框中"特征"前的选择按钮时,可在图形区或浏览器中选择待阵列的特征,然后按

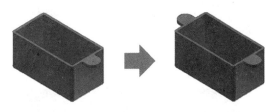

图 2-140　镜像

下"镜像平面"前的选择按钮,并在图形区或浏览器中选择镜像平面,单击"确定"应用设置并关闭对话框,完成零部件特征的镜像,如图 2-141 所示。

(a) 选择特征

(b) 指定镜像平面

图 2-141　镜像创建步骤

2.3.5 特征编辑

已经创建完成的特征可通过图形区或浏览器进行编辑修改。

图 2-142 所示为一指示牌模型,若需对当中的
文字内容做修改(文字内容由创建凸雕特征的草图
所确定),可首先在图形区中将文字凸雕左击选中,
并点击快捷按钮中的"编辑草图"进入与该凸雕特
征相关的草图,然后在待修改的文字上方右击并选
择右键菜单中的"编辑文本"对其进行修改;此过程
也可通过浏览器实现,如图 2-143 所示。

图 2-142 指示牌

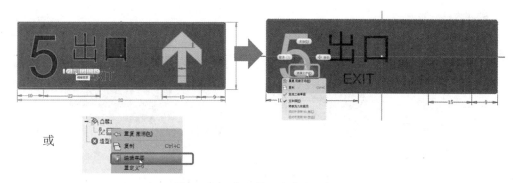

图 2-143 指示牌文字内容编辑

若需对指示牌中文字的深度做修改(文字深度由凸雕特征所确定),可首先在图形区中
将凸雕特征选中,并点击快捷按钮中的"编辑凸雕"进入"凸雕"对话框进行修改;此过程也可
通过浏览器实现,如图 2-144 所示。

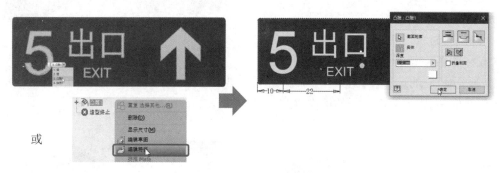

图 2-144 指示牌文字深度编辑

2.4 零件建模方法应用举例

本节将通过 8 个零件建模实例(图 2-145—图 2-152)帮助读者掌握本章的主要内容。
以下实例的建模过程录像见本书配套文件(可扫描书后二维码获取)。

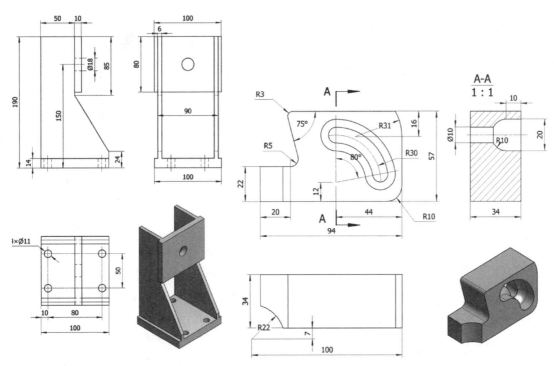

图 2-145　零件建模实例 1

图 2-146　零件建模实例 2

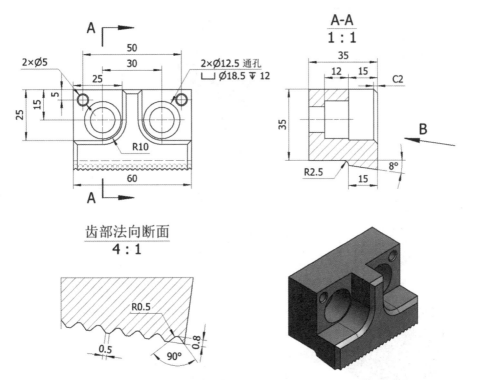

图 2-147　零件建模实例 3

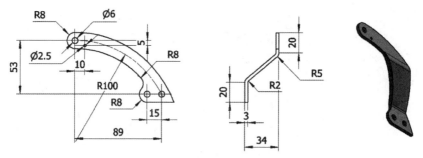

图 2-148　零件建模实例 4

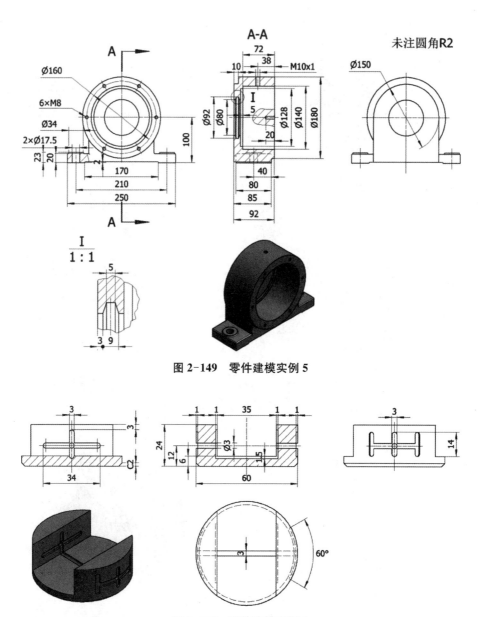

图 2-149　零件建模实例 5

图 2-150　零件建模实例 6

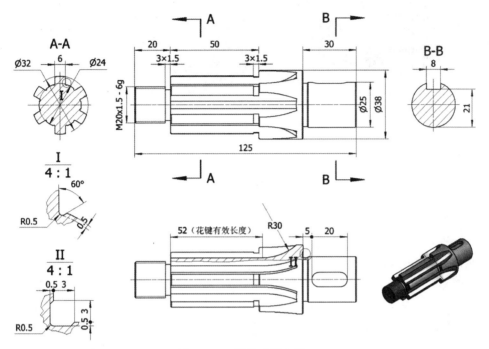

图 2-151　零件建模实例 7

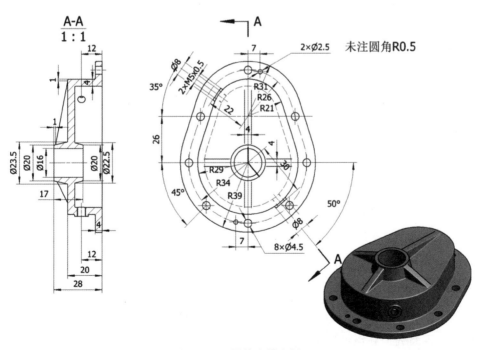

图 2-152　零件建模实例 8

3 部件装配

本章介绍对完成造型的零件进行装配成为部件，即使用 Inventor 完成部件装配的基本方法。

💡 **学习目标**

- 掌握部件环境的基本操作；
- 掌握零部件相互位置关系的约束方法；
- 掌握零部件相互运动关系的约束方法；
- 理解并掌握产品部件装配的流程与应用方法。

3.1 部件环境的基本操作

3.1.1 进入部件环境

启动软件并新建文件，选择标准部件模板（Standard.iam）创建部件文件，Inventor 将进入部件环境，如图 3-1 所示。

(a) 新建文件　　　　　(b) 选择标准部件模板　　　　　(c) 进入部件环境

图 3-1　进入部件环境

3.1.2 装入零部件

图 3-1 所示的部件环境可理解为一空白的、不包含任何零部件的装配环境。若要继续进行部件装配，首先应在该环境中装入待装配的零部件。使用 Inventor 进行部件装配时，通常使用工具面板的"放置"按钮和资源管理器直接拖入两种方式装入零部件。

使用工具面板的"放置"按钮装入零部件时,首先点击工具面板"装配"选项卡中的"放置"按钮,打开"装入零部件"对话框,查找并选中需要装入的零部件,点击"打开"按钮,所选取的零部件将随光标进入部件环境,将其放置到大致位置后左击确认(Inventor 会将第一个进入部件的零部件放置在默认的位置,无需通过此步自行确定其位置;若需将同一零件多次装入部件,此步骤可多次左击),然后右击选择右键菜单中的"确定"完成零部件的装入操作,如图 3-2 所示。

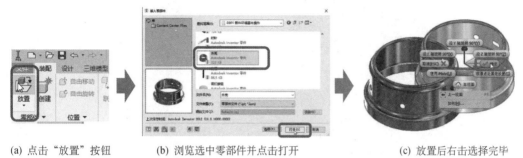

(a) 点击"放置"按钮   (b) 浏览选中零部件并点击打开   (c) 放置后右击选择完毕

图 3-2　使用"放置"按钮装入零部件

也可使用从 Windows 资源管理器直接拖入的方式装入零部件。首先打开待装入的零部件文件所在的文件夹,然后直接将待装入的零部件拖入部件环境的图形区中,完成零部件的装入,如图 3-3 所示。

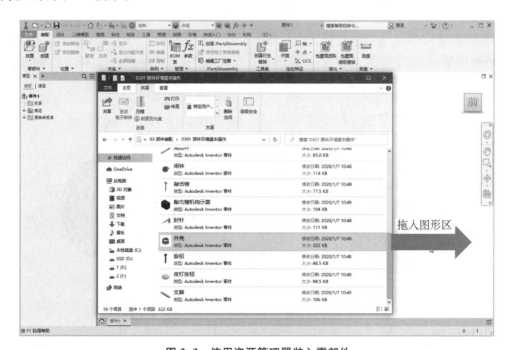

图 3-3　使用资源管理器装入零部件

Inventor 默认将第一个进入部件环境的零部件应用固定约束,并将该零部件的原始坐标与当前部件的原始坐标重合。如需解除该固定约束,可在图形区或浏览器左击选中该零部件,右击将右键菜单中"固定"前的勾选符号去掉,如图 3-4 所示。同样,可以用这种方法对其他零部件进行勾选固定,使零部件的当前位置保持不变。

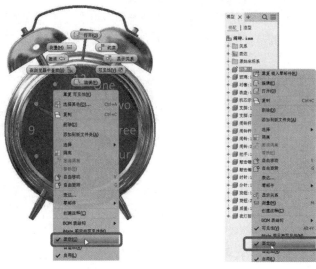

(a) 图形区中设置零部件固定   (b) 浏览器中设置零部件固定

图 3-4 零部件固定

3.1.3 移动和旋转零部件

零部件不恰当的位置或视角可能会对部件装配工作带来不便。图 3-5(a)所示为完成装配的闹钟模型,装配过程中,若表盘以图 3-5(b)所示的位置或视角进入部件环境,则可能会对装配工作造成不利的影响,此时须对零件表盘的位置或视角进行单独调整。

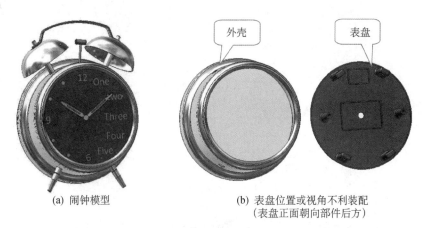

(a) 闹钟模型   (b) 表盘位置或视角不利装配
(表盘正面朝向部件后方)

图 3-5 不恰当的零部件位置或视角将对装配带来不便

1. 移动

在图形区或浏览器中选中待移动的零部件(可选择单一零部件,也可按 Ctrl 或 Shift 键选择多个零部件),点击工具面板"装配"选项卡中的"自由移动"按钮(图 3-6),然后将鼠标移至图形区,按住左键拖动以改变选中零部件的位置。若只需改变单一零部件的位置,也可在图形区中将其选中,并按住左键拖动至恰当的位置。

图 3-6　移动零部件功能按钮

2. 旋转

与移动零部件相似,在图形区或浏览器中选中待旋转的零部件(只可选择单一零部件),点击工具面板"装配"选项卡中的"旋转"按钮,选中的零部件周围将出现旋转符号,在旋转符号按住左键拖动便可改变选中零部件的视角,如图 3-7 所示。

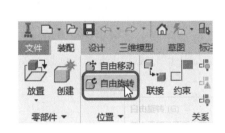　

(a) 选中待旋转的零部件并点击旋转零部件功能按钮　　　(b) 在图形区中调整零部件视角

图 3-7　旋转零部件

3.1.4　控制零部件可见性

零部件之间的相互遮挡也可能会对部件装配工作带来不便,此时须对部分零部件的可见性进行控制。若希望关闭选中零件的可见性,可通过"可见"工具进行;若希望仅打开选中零件的可见性,可通过"隔离"工具进行;若需对部件进行剖切以查看其内部,则可通过"剖视图"工具进行。

1. 可见

"可见"用来控制选中的零部件的可见性。例如,需关闭图 3-8(a)闹钟模型中零件外壳和后盖的可见性而观察闹钟的内部,可在图形区或浏览器中将零件外壳和后盖选中并右击,将右键菜单中"可见性"前的勾选符号去掉,如图 3-8(b)和(c)所示;若需恢复,可用同样的方法重新选中零件外壳和后盖(通过浏览器)并打开"可见性"前的勾选符号。

2. 隔离

"隔离"用来关闭选中的零部件之外的零部件的可见性,从而对选中的零部件进行单独的观察。仍以图 3-8 所示的闹钟为例,如需单独观察闹钟的外壳,可在图形区或浏览器中将

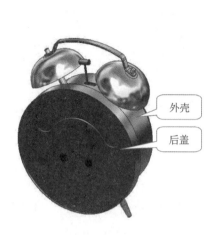

(a) 关闭可见性前的闹钟　　　(b) 选中零件并关闭可见性　　　(c) 可见性关闭完成

图 3-8　可见工具控制零部件可见性

零件外壳选中并右击,选择右键菜单中的"隔离",则可关闭除外壳外其余零件的可见性,如图 3-9(a)和(b)所示。若需恢复,可在图形区或浏览器中的任意位置右击,选择右键菜单中的"撤销隔离",如图 3-9(c)所示。

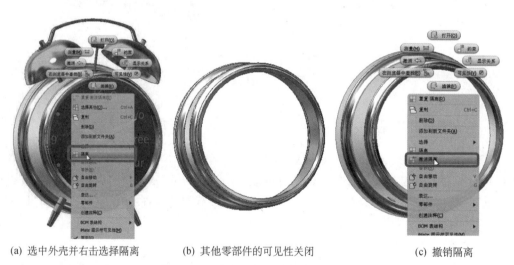

(a) 选中外壳并右击选择隔离　　　(b) 其他零部件的可见性关闭　　　(c) 撤销隔离

图 3-9　隔离工具控制零部件可见性

3. 剖视图

剖视图工具可关闭某一区域零部件的可见性,更方便地观察部件内部结构。剖视图工具位于工具面板"视图"选项卡的"外观"区域,共有"1/4 剖视图""半剖视图""3/4 剖视图""全剖视图"四种。与通常的剖视概念不同,这里的"1/4""3/4"均表示剖切完成后剩余的范围,如"3/4 剖视图"的含义为"剖切完成后,剩余 3/4 部分",如图 3-10 所示。

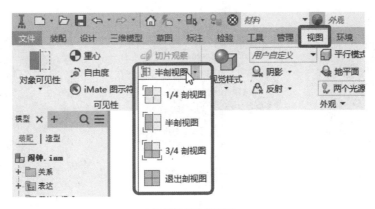

(a) 剖视图功能按钮

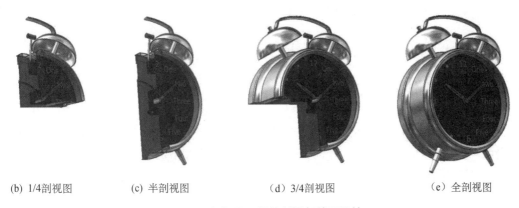

(b) 1/4剖视图   (c) 半剖视图   (d) 3/4剖视图   (e) 全剖视图

图 3-10 剖视图工具控制零部件可见性

使用剖视图工具控制零部件可见性时,首先点击图 3-10(a)中相应的功能按钮,在浏览器或图形区中选择剖切面(可以是工作面,也可以是原始坐标面),并可设置剖切面的偏移距离。此时,还可通过右击更改剖切的位置,设置完成后再次右击,选择右键菜单中的"确定"便可对部件进行剖视观察,如图 3-11 所示。

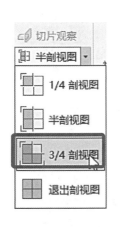

(a) 选择3/4剖视图

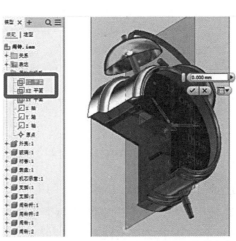

(b) 选择YZ、XZ平面作为剖面(偏移距离均为0)

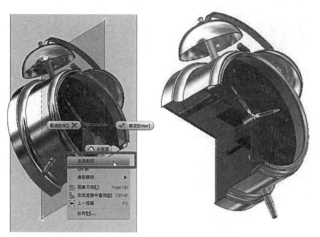

(c) 可使用右键菜单中的反向剖切调整剖切位置   (d) 完成剖视图

图 3-11　3/4 剖视图的创建

3.2　约束零部件

装入零部件后,应通过添加约束的方式指定零部件之间的位置关系及运动关系,从而完成部件装配。为保证部件装配工作的有序进行,通常先添加指定零部件间位置关系约束,再添加指定零部件间运动关系的约束。

3.2.1　位置关系约束

Inventor 的基本约束工具位于工具面板"装配"选项卡下。点击该功能按钮,打开"约束"对话框,对话框"部件"选项卡提供配合、角度、相切与插入四种位置约束,用于定义零部件间的位置关系,如图 3-12 所示。本小节将首先分别介绍四种约束的作用与使用方法。

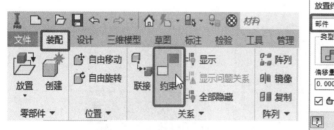

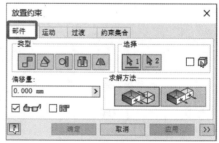

(a) "约束"功能按钮   (b) "约束"对话框

图 3-12　"约束"功能按钮与对话框

1. 配合

配合约束常用于使来自不同零件的两个表面以"面对面"或"肩并肩"的方式结合在一起,以及使来自不同零件的回转体特征的轴线重合在一起,也可用于将不同零件上的点或线相重合。

图 3-13(a)中,配合约束使合页的两个端面以"面对面"的方式结合在一起;图3-13(b)中,配合约束使铰链的端面与合页的端面以"肩并肩"的方式结合在一起;图 3-13(c)中,配合约束使铰链的轴线与合页孔的轴线重合在一起。

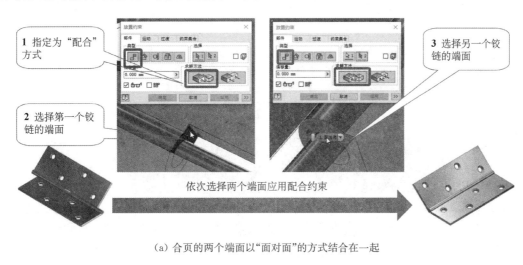

（a）合页的两个端面以"面对面"的方式结合在一起

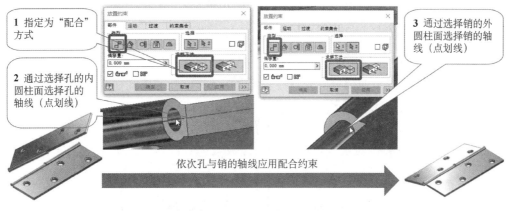

（b）铰链的端面与合页的端面以"肩并肩"的方式结合

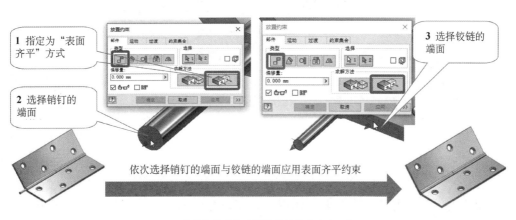

（c）铰链的轴线与合页孔的轴线重合在一起

图 3-13　配合约束

2. 角度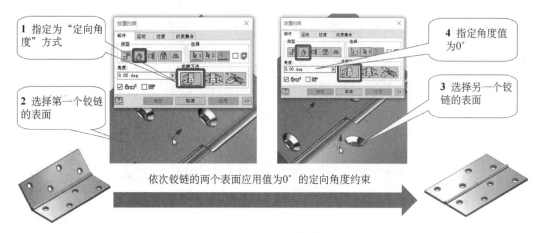

角度约束用来定义线或面之间的角度关系。

图 3-14 中,通过定义铰链两表面(来自两个零件)间的夹角为 0°,使铰链保持完全打开的状态。

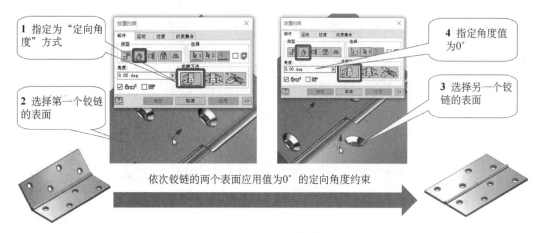

1 指定为"定向角度"方式

2 选择第一个铰链的表面

4 指定角度值为0°

3 选择另一个铰链的表面

依次铰链的两个表面应用值为0°的定向角度约束

图 3-14 角度约束

3. 相切

相切约束用来使平面、柱面、锥面或球面之间保持相切关系。

图 3-15 中,相切约束使销钉的外圆柱表面内切于铰链孔的内圆柱表面。

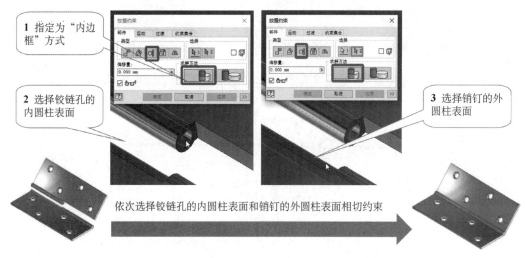

1 指定为"内边框"方式

2 选择铰链孔的内圆柱表面

3 选择销钉的外圆柱表面

依次选择铰链孔的内圆柱表面和销钉的外圆柱表面相切约束

图 3-15 相切约束

4. 插入

插入约束实际是轴线重合的配合约束与表面结合(面对面或者肩并肩)的配合约束的组合。

图 3-16 中,插入约束使销钉的轴线与铰链孔的轴线相重合,且销钉的端面与铰链的端

面以"肩并肩"的方式相配合。

应注意,使用插入约束时,随鼠标进入图形区的选取符号包含带有箭头的轴线以及红色的圆圈,带有箭头的轴线表示轴线的位置及方向,而红色的圆圈则表示待结合的表面所在的位置。

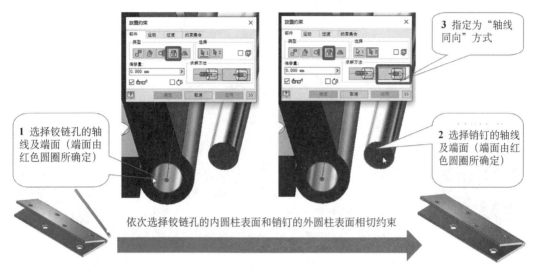

图 3-16　插入约束

3.2.2　运动关系约束

位置关系约束添加完成后,可进一步添加运动关系约束,使零部件在指定的位置按照给定的运动关系动作。图 3-12(b)所示"放置约束"对话框的"运动"与"过渡"选项卡用于添加运动关系约束。

1. 运动

"运动"选项卡如图 3-17 所示,提供"转动-转动"和"转动-平动"两种类型的运动约束,分别用于定义两个均做转动运动的零件(如一对相互啮合的齿轮)之间,或一个做转动运动的零件与另一个做平动运动的零件(如齿轮与齿条)之间的运动关系。指定运动约束时,"转动-转动"类型下需输入"传动

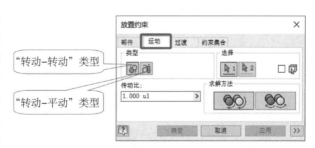

图 3-17　"运动"选项卡

比",传动比表示当第一次选择的零件转动 1 个单位时,第二次选择的零件转动了多少个单位;"转动-平动"类型下需输入"距离",距离表示当第一次选择的零件转动 1 周时,第二次选择的零件平移了多少距离。

图 3-18 所示的钟表模型中,由于时针和分针均做转动运动,故选择类型为"转动-转动"类型;根据钟表运动规律,时针行走 1 周(12 小时),分针行走 12 周,若先选择时针再选择分

针,则传动比应指定为"12";而时针与分针均按照顺时针的方向转动,故方式选为"同向"。完成以上设置后,拖动时针或分针,可查看钟表模型的动作。

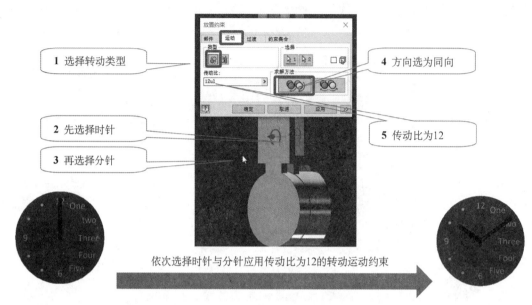

依次选择时针与分针应用传动比为12的转动运动约束

图 3-18　运动约束

2. 过渡

"过渡"选项卡提供过渡约束,用于使来自不同零部件的两个表面在运动过程中始终保持接触,通常用来定义凸轮机构的运动关系。

图 3-19 中,过渡约束使顶杆下方的球面与凸轮的表面在运动过程中始终保持接触,从而模拟凸轮机构的运动。

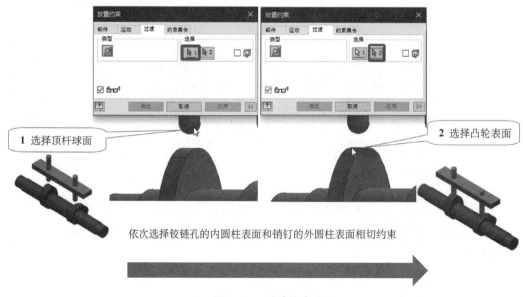

依次选择铰链孔的内圆柱表面和销钉的外圆柱表面相切约束

图 3-19　过渡约束

3.2.3 接触识别器

接触识别器可通过识别零部件之间的物理接触来限制部分零部件的运动或模拟特殊机构的运动规律,如图 3-20 所示。

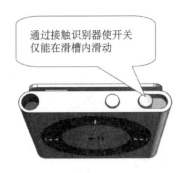

(a) 接触识别限制部分零件的运动　　(b) 接触识别模拟槽轮机构的间歇运动规律

图 3-20　接触识别器的作用

使用接触识别器限制部分零部件的运动或模拟特殊机构的运动规律时,应首先进入工具面板的"检验"选项卡将接触识别器激活,如图 3-21(a)所示,并在图形区或浏览器中选中与物理接触相关的零件[图 3-20(a)中选择滑动按钮以及与滑槽相关的零件主体;图 3-20(b)中选择槽轮机构的槽轮与拨杆]并右击,勾选右键菜单中的"接触集合",然后拖动零部件可查看相应的结果。图 3-21 所示为通过接触识别器模拟槽轮间歇运动的步骤。

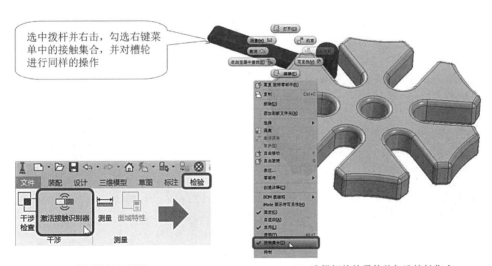

(a) 激活接触识别器　　　　(b) 选择相关的零件并勾选接触集合

图 3-21　槽轮机构间歇运动的模拟

3.2.4　编辑约束、抑制约束与删除约束

部件装配过程中,可根据需要对装配约束进行编辑、抑制与删除操作。编辑约束可对

约束进行修改；抑制约束可使约束保留但不发挥作用；删除约束可完全去掉已添加的约束。

图 3-22 所示为铰链 1 与铰链 2 间添加了角度约束，且角度值为 0°，使铰链处于完全打开的状态。由于该角度约束添加在铰链 1 与铰链 2 之间，故使用浏览器展开"铰链：1"或"铰链：2"均可对该角度约束进行编辑、抑制或删除操作。若需编辑该约束，首先在浏览器中将约束选中并右击，选择右键菜单中的"编辑"可重新打开"放置约束"对话框进行调整与修改，如图 3-23(a) 所示。若需抑制约束，仍首先在浏览器中将约束选中并右击，勾选右键菜单中的"抑制"可使该约束保留但不发挥作用，此时的铰链可以自由旋转；需恢复该约束的作用时，再次将约束选中并右击，解除勾选"抑制"可重新使铰链保持打开状态，如图 3-23(b) 所示。若需删除约束，同样首先在浏览器中将约束选中并右击，选择右键菜单中的"删除"，此时该约束将被完全去除，若希望恢复，则需重新添加，如图 3-23(c) 所示。

图 3-22　添加角度约束使铰链处于打开状态

(a) 编辑约束　　　　　(b) 抑制约束　　　　　(c) 删除约束

图 3-23　编辑约束、抑制约束与删除约束

3.2.5　驱动约束

驱动约束工具可在一定范围内连续地改变某一约束的数值（距离或角度），从而模拟零部件的运动。仍以图 3-22 中添加角度约束保持完全打开的铰链为例，在浏览器中选择相应

的角度约束并右击,选择右键菜单中的"驱动约束"选项打开"驱动约束"对话框,接下来在对话框中输入角度数值的变化范围为 $0°\sim180°$,并点击播放按钮,此时由于角度约束数值的变化,两铰链上表面的夹角将发生变化,从而模拟出铰链由打开至关闭的动作过程,如图 3-24 所示。点击"驱动约束"对话框中的"录像"按钮,指定视频文件的格式、名称、保存路径,并设置视频参数后再次点击"播放"按钮,可将动作过程录制为视频文件。

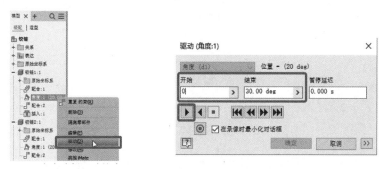

(a) 右击选择驱动约束　　　　(b) 输入角度数值的变化范围并点击播放

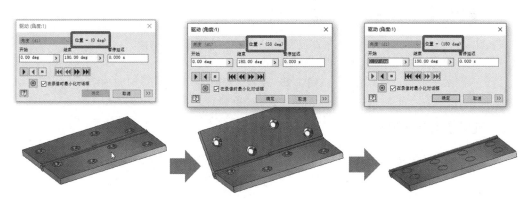

(c) 角度数值的改变与铰链位置的变化

图 3-24　驱动约束

3.3　部件装配应用举例

3.3.1　部件装配的一般流程

应用 Inventor 进行部件装配,首先新建部件文件,并将待装配的零部件装入部件环境。由于第一个进入部件环境的零件将被应用固定约束(该零部件的坐标与部件环境的坐标相重合),故应首先将部件中可作为部件主体或基体的零部件装入其中;另外,同时载入过多的零部件可能造成混乱,一般采用边装载边约束的方式,装入零部件后便添加约束,待该零件约束添加完成后再载入下一个零部件。添加约束时,应先添加位置约束将零部件放置在正确的位置上,再添加运动约束设置该零部件与其他零部件之间的运动关系。

部件装配的一般流程如图 3-25 所示。

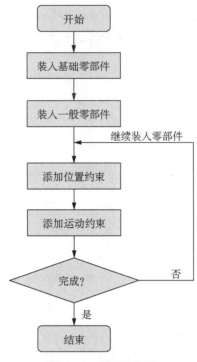

图 3-25　装配流程图

3.3.2　夹紧卡爪装配举例

夹紧卡爪是组合夹具,在机床上用来夹紧工件,如图 3-26 所示。

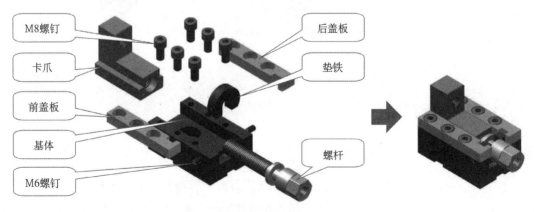

图 3-26　夹紧卡爪

卡爪底部与基体凹槽相配合,螺杆的外螺纹与卡爪的内螺纹连接,而螺杆的缩颈被垫铁卡住,使它只能在垫铁中转动,而不能沿轴向移动。垫铁用两个螺钉固定在基体的弧形槽内。为防止卡爪脱出基体,用前、后两块盖板和六个内六角圆柱头螺钉连接基体。当用扳手旋转螺杆时,卡爪靠梯形螺纹传动在基体内左右移动,从而夹紧或松开工件。

　　使用 Inventor 进行夹紧卡爪部件装配时,应首先将"基体"作为基础零件装入部件环境,然后逐步将其他零件装入并应用相应的位置约束,最后设置螺杆与卡爪之间的运动关系,使螺杆的转动带动螺杆的平动,模拟夹紧卡爪的实际工作。

　　具体操作步骤与方法见本书配套文件(可扫描书后二维码获取)。

4 表达视图

Inventor 表达视图模块用于创建部件的爆炸图,并将零部件的装拆过程以三维的、动态的形式予以表达。本章将介绍表达视图的作用及使用表达视图模块创建零部件装拆过程动画的方法。

学习目标

- 了解表达视图的作用;
- 掌握表达视图的创建方法。

4.1 表达视图的作用

表达视图又称爆炸图,常用于表达部件的装配关系及装配过程。使用 Inventor 表达视图模块,可创建部件的爆炸图,如图 4-1 所示,并可利用该爆炸图制作部件装拆过程的动画。

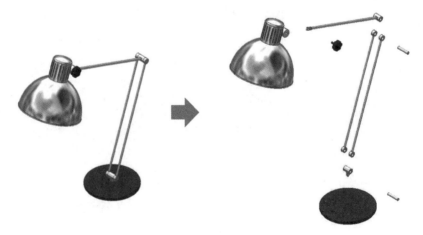

图 4-1 表达视图的作用

4.2 表达视图的创建

本节将介绍使用表达视图模块创建部件爆炸图及制作部件装拆动画的方法。

4.2.1 创建表达视图的一般流程

使用 Inventor 创建表达视图时,应首先新建表达视图文件,使用"创建视图"工具选择待拆解的部件文件,并通过"调整零部件位置"工具将完成装配的部件拆解开来,接下来依据部件的装拆顺序调整各零部件拆解动作在动画中的先后顺序,并进一步调整各拆解动作中零部件在动画中的缩放比例与查看方向,完善并完成部件装拆动画。创建表达视图的一般流程如图 4-2 所示。

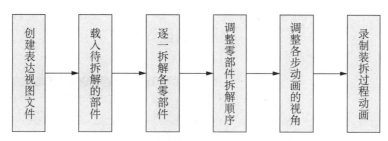

图 4-2 创建表达视图的一般流程

4.2.2 创建表达视图的方法

本小节将以图 4-3 所示的夹紧卡爪为例,介绍创建表达视图的方法。

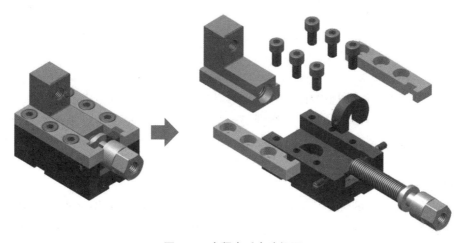

图 4-3 夹紧卡爪表达视图

1. 创建表达视图并载入部件

启动软件并新建文件,选择表达视图模板(Standard.ipn)创建表达视图文件,Inventor 将进入表达视图环境,如图 4-4 所示。

进入表达视图环境后,应首先载入待拆解的部件。选择工具面板中的"插入模型"功能按钮,打开"插入"对话框,在资源浏览器中找到待拆解的部件文件,然后点击"打开"完成部件的载入,如图 4-5 所示。

(a) 新建文件　　　　　　(b) 选择表达视图模板　　　　　　(c) 进入表达视图环境

图 4-4　进入表达视图环境

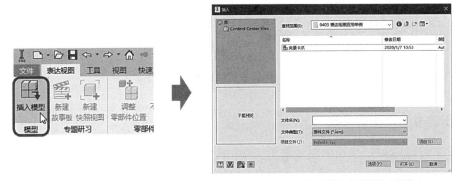

(a) 选择创建视图功能按钮　　　　　　(b) 通过选择部件对话框载入部件

图 4-5　载入部件文件

2. 调整零部件位置

载入部件后，需通过"调整零部件位置"工具将部件拆解。打开本书配套文件中的表达视图文件"夹紧卡爪.ipn"，该文件中除螺杆与卡爪外，其余零件的位置已被调整到位完成了拆解，这里将通过螺杆与卡爪的位置调整，介绍 Inventor 表达视图模块中调整零部件位置的方法。

1）螺杆的旋出

根据部件夹紧卡爪的装配关系，零件螺杆应从卡爪的螺孔中旋出。"调整零部件位置"工具可为零部件设置平动动作与转动动作，而螺杆的旋出动作恰为这两个动作的组合。故这里应首先分别设置螺杆的平动动作和转动动作，并在后续"故事板面板"中将它们的动作重合。

首先，设置螺杆的平动动作。如图 4-6 所示，点击工具面板中的"调整零部件位置"功能按钮；选择待调整位置的零部件为"螺杆"，然后在命令区中点击"移动"选项按钮，并按住鼠标左键拖动显示的坐标轴以改变螺杆的位置，或者选择拖动方向轴后直接在对话框中输入位置改变的数值（本例中为沿 X 轴移动 60 mm）将螺杆移出，设置完成后点击"确定"应用本次调整。

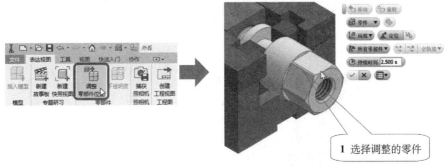

(a) 选择调整零部件位置按钮　　　　　　(b) 选择需要调整位置的零件

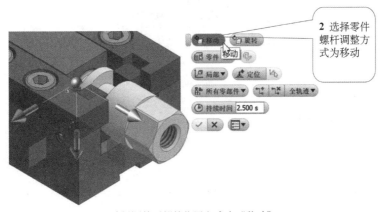

(c) 选择调整零部件位置方式为"移动"

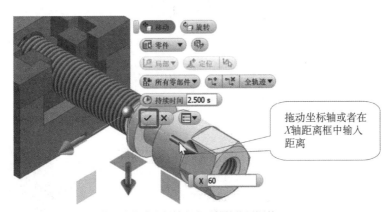

(d) 输入数值或拖动坐标轴完成零部件位置调整

图 4-6　螺杆平动动作设置

接下来设置螺杆的转动动作。如图 4-7 所示，点击工具面板中的"调整零部件位置"功能按钮，选择待调整位置的零部件为"螺杆"，然后在命令区中点击"旋转"选项按钮，并按住鼠标左键拖动显示的旋转扇面区以改变螺杆的旋转角度，或者选择拖动相应扇面区后直接在对话框中输入旋转角度的数值（本例中螺杆旋转 15 周，角度值为 5 400°），设置完成后点击"确定"应用本次调整。

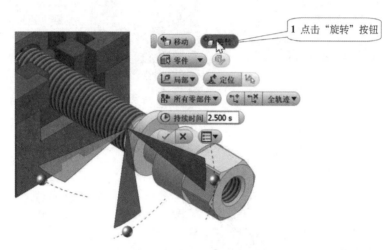

（a）选择旋转方式

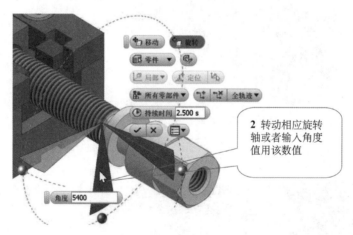

（b）选择零部件并设置调整方式及数值

图 4-7　螺杆转动动作设置

2）卡爪的移出

将卡爪移至零件基体的外部，可更好地表达夹紧卡爪的装拆。这里设置卡爪向后（图 4-8 中 X 轴负方向）移动以及卡爪向上（图 4-8 中 Y 轴正方向）两个动作。

与设置螺杆的平动动作的方法相似，卡爪的两次平动动作设置方法如图 4-9 所示。

图 4-8　卡爪动作设置

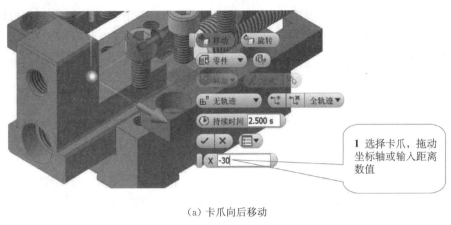

（a）卡爪向后移动

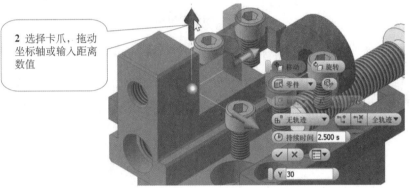

（b）卡爪向上移动

图 4-9　卡爪移出动作设置

3. 调整动画视角及设置零部件隐藏

制作清晰的表达视图动画还需对各步动画的观察方向及缩放比例。如当动画播放至夹紧卡爪零件"垫铁"移出时，为更好地表达垫铁的移出方式，无需继续使用观察全部零件的视角，而可为垫铁添加特写效果，如图 4-10 所示。

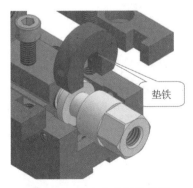

图 4-10　突出表达零件垫铁

图 4-11　相机视角调整

调整动画视角时，只需要将模型在绘图区中调至所需要的视角及缩放比例大小。例如，需要表达基座里的紧定螺钉，可以将模型展示角度调整至合适的方向和比例大小，如图 4-11 所示,在功能区面板中点击"捕获照相机"命令,则在故事板面板中会自动创建一个相机动画。如图 4-12 所示。在故事板面板当中,我们可以拖动相机动画的长度改变相机视角变换的时间长短,拖动相机动画的位置可以改变相机视角变换的时间位置点,如图 4-13 所示。

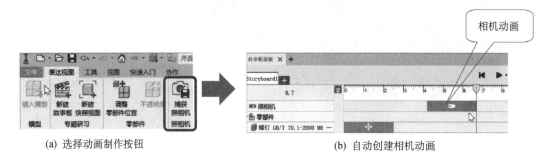

(a) 选择动画制作按钮   (b) 自动创建相机动画

图 4-12 相机视角创建

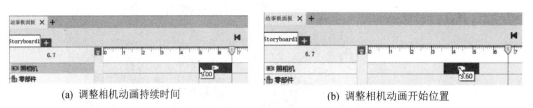

(a) 调整相机动画持续时间   (b) 调整相机动画开始位置

图 4-13 相机动画调整

4. 设置动作顺序

零部件位置调整完成后,需对零部件的动作顺序进行调整,如将螺杆的平动动作与螺杆的转动动作合并。

设置动作顺序,在故事板面板中,将螺杆的移动和转动两个动作动画时间轴拖动至相同时间范围且动作持续时间一致即可,每一个零件调整一次位置后,软件自动创建一个动作时间轴,拖动时间轴位置,即可调整零部件拆装动作顺序,如图 4-14 所示。

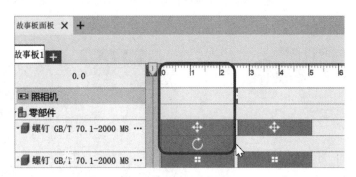

图 4-14 动作顺序设置

5. 制作表达视图动画

上述调整完成后,可使用表达视图文件生成部件装拆过程动画。点击工具面板"发布"功能按钮,打开"发布为视频"对话框,可以选择发布生成视频的范围,指定视频文件的格式、名称、保存路径、分辨率后点击确定按钮,可为部件装拆过程制作视频文件,如图 4-15 所示。

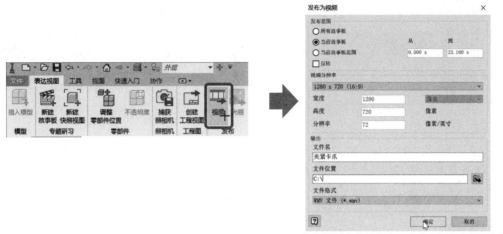

(a) 点击"视频"按钮   (b) 指定视频文件的格式、名称、保存路径及分辨率

图 4-15   制作表达视图动画

4.3   表达视图应用举例

按照 4.2.1 小节中创建表达视图的流程,创建图 4-3 所示夹紧卡爪的表达视图,并制作夹紧卡爪装拆过程动画。具体操作步骤与方法见本书配套文件(可扫描书后二维码下载)。

5 工程图

工程图是表达产品信息的主要媒介,是工程界的"语言"。本章将介绍 Inventor 工程图模块的基本使用方法。

学习目标

- 掌握工程图的基本设置方法;
- 理解工程图视图的作用,并掌握视图的创建方法;
- 理解模型尺寸、工程图尺寸的概念,并掌握二者的使用方法;
- 掌握工程图中心线、常用符号、注释文本、引出序号及明细栏的使用方法。

5.1 工程图设置

5.1.1 进入工程图环境

启动软件并新建文件,选择工程图模板(Standard.idw)创建工程图文件,Inventor 将进入工程图环境,如图 5-1 所示。

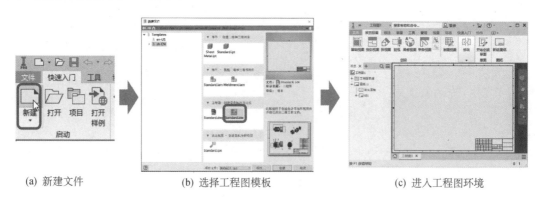

(a) 新建文件　　　　　　(b) 选择工程图模板　　　　　　(c) 进入工程图环境

图 5-1　进入工程图环境

5.1.2 工程图的样式与标准设置

创建工程图文件时所使用的模板将决定工程图样式。由于 Inventor 默认的工程图模板与我国国家标准所规定的工程图样式和标准存在一定的差别,故应首先对工程图的样式和标准做相应的调整。下面简单介绍工程图样式和标准的调整方法。

1. 尺寸样式设置

如图 5-2 所示,选择工具面板"管理"选项卡中的"样式编辑器"功能按钮打开"样式和标准编辑器"对话框。将对话框左侧的浏览器中"尺寸"展开并选择"默认(GB)",对尺寸样式进行设置。需设置的内容如下。

(a) 点击"样式编辑器"

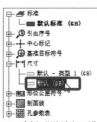

(b) 选择"默认(GB)"

(c)"单位"选项卡设置调整

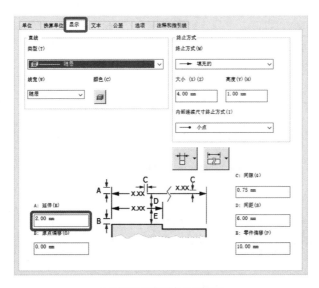

(d)"显示"选项卡设置调整

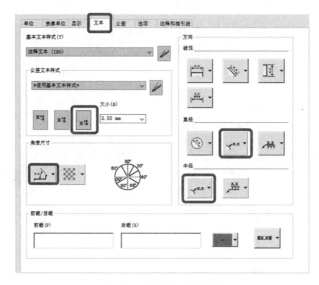

（e）"文本"选项卡设置调整

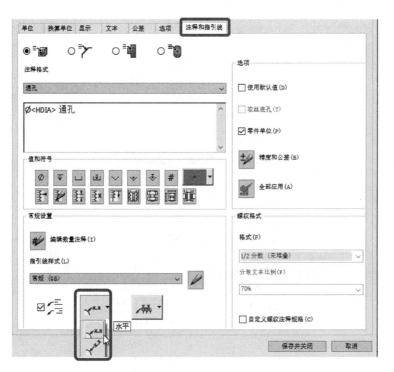

（f）"注释和指引线"选项卡设置调整

图 5-2　尺寸样式设置

● 进入"单位"选项卡,将角度的精度调整为"DD";

● 进入"显示"选项卡,将"A：延伸"所对应的值改为"2.00 mm",以减少尺寸界线超出尺寸线的距离;

● 进入"文本"选项卡,将"公差文本样式"调整为"底端对齐",将角度样式选为"平行——

水平",并更改直径与半径的标注样式;

● 进入"注释和指引线"选项卡,将"指引线样式"调整至"水平"。

2. 基准标识符号样式设置

将"样式和标准编辑器"对话框左边浏览器中"标识符号"展开,选择"基准标识符号",并将此时对话框右边的符号形状更改为"矩形",如图 5-3 所示。

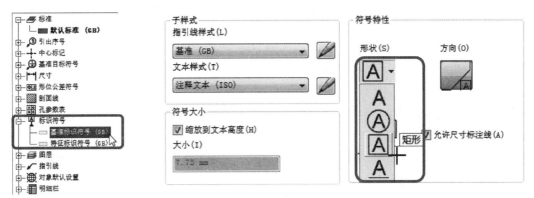

(a) 选择基准标识符号   (b) 将基准标识符号的形状选择为矩形

图 5-3　基准标识符号样式设置

3. 图线设置

Inventor 默认状态下局部剖视图、局部放大图视图的边界线使用"可见(ISO)"图层(即模型可见轮廓线所使用的图层)的图线,为线宽 5.00 mm 的粗实线,与国家标准的相关要求不符需作调整。如图 5-4 所示,更改局部剖视图、局部放大图视图的边界线的线宽需完成以下设置:

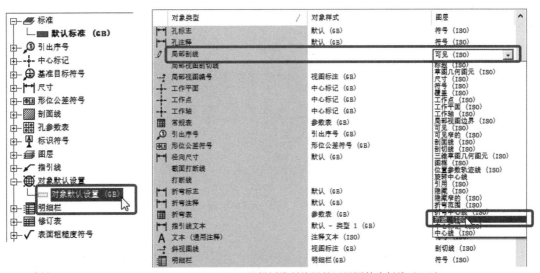

(a) 选择Unnamed Style   (b) 局部剖线所使用的图层调整为折线（ISO）

图 5-4　图线设置

● 展开浏览器中的"图层",选择"折线(ISO)",并将折线(ISO)图层的线宽调整为0.25 mm,保存设置;

● 展开浏览器中的"对象默认设置",选择"Unnamed Style",并将"局部剖线"所使用的图层调整为"折线(ISO)",保存设置。

4. 标题栏编辑

可根据需要对默认的标准标题栏进行编辑。对标题栏的编辑更改通常分两步进行,首先更改当前工程图文件"工程图资源"中的标题栏样式,然后再用更改完成的工程图资源中的标题栏替换激活图纸的标题栏。

1) 编辑工程图资源中标题栏样式

如图 5-5 所示,展开浏览器"工程图资源"中的"标题栏"文件夹,选中相应的标题栏并右击选择右键菜单中的"编辑",进入草图环境对标题栏进行修改。由于编辑标题栏的环境为草图环境,故可用草图工具对表格线、文字等进行修改。完成编辑后,在图形区的空白处右击,选择"保存标题栏"便可将修改后的标题栏保存至工程图资源中(此处也可通过"另存为"的方式将修改完成的标题栏保存为用户标题栏)。

(a) 选中标题栏并右击选择编辑

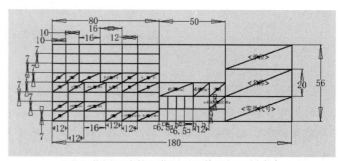

(b) 进入草图环境使用草图工具修改标题栏内容

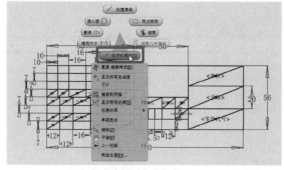

(c) 完成编辑后右击保存

(d) 可另存为用户标题栏

图 5-5 编辑工程图资源中标题栏样式

2) 替换激活图纸中的标题栏

如图 5-6 所示,删除激活图纸默认的标题栏(图中的"GB1"),并从工程图资源中将完成样式编辑的标题栏(例如"用户标题栏")插入其中。

5. 图纸设置

可根据需要调整图纸大小,或在当前工程图文件中新增图纸,使当前文件成为包含多幅

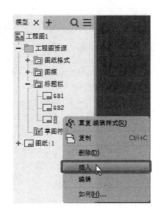

(a) 删除激活图纸原有标题栏 (b) 从工程图资源中插入调整后的标题

图 5-6 替换激活图纸中的标题栏

图纸的工程图文件。如图 5-7 所示,在浏览器中选中待调整的图纸并右击,选择右键菜单中的"编辑图纸",打开"编辑图纸"对话框,可对图纸的名称、大小、方向以及标题栏的位置等进行修改。如图 5-8 所示,在浏览器工程图资源中选择适当的图纸并右击,选择右键菜单中的"新建图纸",可添加图纸。新建图纸时,Inventor 将打开"选择零部件"对话框提示选择与图纸相关联的零部件。若此时选择零部件,Inventor 将自动为零部件创建视图;若暂不选择零部件,Inventor 将新建空白图纸供用户使用。

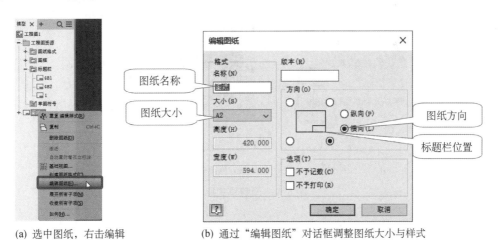

(a) 选中图纸,右击编辑 (b) 通过"编辑图纸"对话框调整图纸大小与样式

图 5-7 编辑图纸

5.1.3 工程图模板创建

前面介绍了工程图样式与标准的设置方法,而这些更改仅对当前工程图有效,如需重复使用,应将该工程图的样式应用至 Inventor 的样式库,创建工程图模板。注意,该操作将对软件的默认设置做出更改,且不可撤销,不建议初学者使用。更改本地样式库并创建工程图模板可按下述操作进行。

(a) 选中图纸，右击选择"新建图纸"   (b) 增加"图纸：2"

图 5-8　增加图纸

1. 完成工程图样式与标准的设置

根据相关要求及 5.1.2 小节中的方法，完成工程图样式与标准的设置，并保存工程图文件（文件名称与保存路径可任意指定）。

2. 调整样式库设置

在 Inventor 没有打开任何文件的情况下点击"项目"，打开"项目"对话框并将激活的项目文件的样式库设置调整至"读-写"，以保证调整好的工程图样式与标准能够影响到库中的设置，如图 5-9 所示。

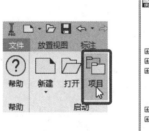

(a) 点击"项目"   (b) 更改样式库设置为"读-写"

图 5-9　调整样式库设置

3. 用模板样式替换库中样式

打开步骤 1 中的工程图文件，点击工具面板"管理"选项卡"样式和标准"区域的"保存"功能按钮，打开"将样式保存到样式库中"对话框，选择保存，用该工程图文件的样式与标准替换样式库中的样式与标准，如图 5-10 所示。接下来再次创建工程图文件时，工程图的样式将为 5.1.2 小节中所调整的样式。

4. 将工程图保存成为工程图模板

依次选择"另存为""保存副本为模板"，将工程图保存至 Inventor 的模板文件夹中，再次选择新建时，便可使用这一模板新建工程图文件，如图 5-11 所示。

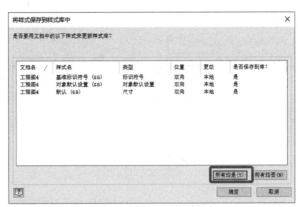

(a) 点击"保存"　　　　　　(b) 选择"所有均是"并保存

图 5-10　用模板样式替换库中样式

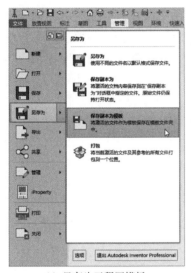

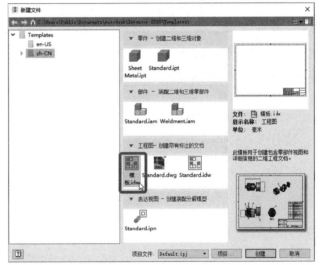

(a) 另存为工程图模板　　　　(b) 使用自定义模板创建工程图文件

图 5-11　保存并使用工程图模板

5.2　工程图视图

5.2.1　视图的基本概念

视图是零部件向投影面投射所得到的投影(图形)。如图 5-12 所示,零件分别向三个投影面投影,分别得到用于表达该零件的三个视图,即该零件的主视图、俯视图与左视图。视图是表达零部件形状尺寸的主要手段,是交流设计思想的工具。

Inventor 可创建零部件的基础视图、投影视图、斜视图、剖视图、局部视图、重叠视图、断裂画法、局部剖视图、断面图等。

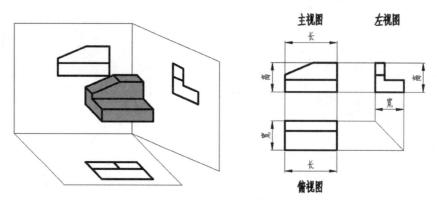

图 5-12　视图的概念

5.2.2　视图的创建

由 Inventor 创建的视图可分为两类,一类是由三维零部件文件或已有的工程图视图创建的新的视图,另一类是在已有的工程图视图上修改得到的视图。前者包括基础视图、投影视图、斜视图、剖视图、局部视图和重叠视图;后者包括断裂画法、局部剖视图和断面图。本节将举例介绍常用视图工具的作用及创建方法。

1. 基础视图

基础视图是工程图中的第一个视图,是生成其他视图的基础。

如图 5-13 所示,创建基础视图的方法如下:

（a）点击"基础视图"功能按钮

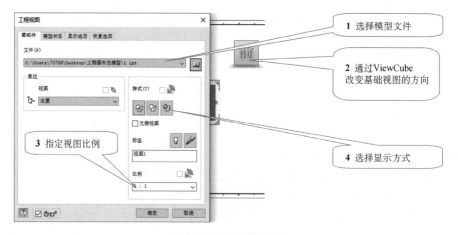

（b）"工程视图"对话框配置

图 5-13　创建基础视图(1)

● 新建工程图文件(模板为"Standard.idw")。

● 单击工具面板"放置视图"选项卡中的"基础视图"功能按钮,打开"工程视图"对话框,通过该对话框,可选取用于创建基础视图的零部件文件,选择基础视图的观察方向、缩放比例及显示方式等,按照图 5-13 所示的步骤可完成基础视图的设置。图中视图显示方式共提供三个按钮,自左至右分别为显示隐藏线按钮、不显示隐藏线按钮和着色按钮,前二者均可和后者配合使用,共同确定四种显示方式,如图 5-14 所示。

● 设置完成后,视图可跟随鼠标在图形区中移动,在恰当的位置左击,便可完成基础视图的创建。此时再次移动鼠标,Inventor 可根据投影关系继续创建其他视图。若需要,左击可完成其他视图的创建;若不需要,点击右键选择右键菜单中的"确定"或按 Esc 键可放弃其他视图的创建,如图 5-15 所示。

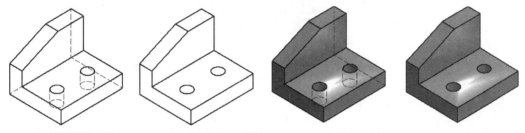

(a) 显示隐藏线但不着色　　(b) 不显示隐藏线且不着色　　(c) 显示隐藏线且着色　　(d) 不显示隐藏线但着色

图 5-14　视图显示方式

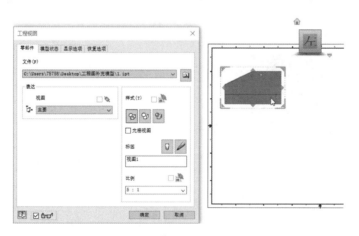

(a) 放置基础视图

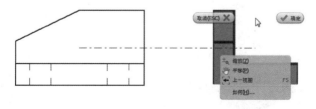

(b) 放弃其他视图,而仅完成基础视图的创建

图 5-15　创建基础视图(2)

2. 投影视图

投影视图是从基础视图或其他现有视图中生成正交视图或等轴侧视图,如图 5-16 所示。

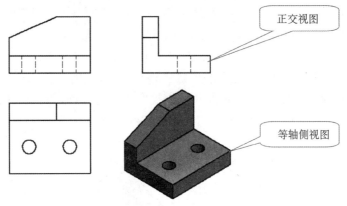

图 5-16　投影视图

如图 5-17 所示,创建投影视图的方法如下。

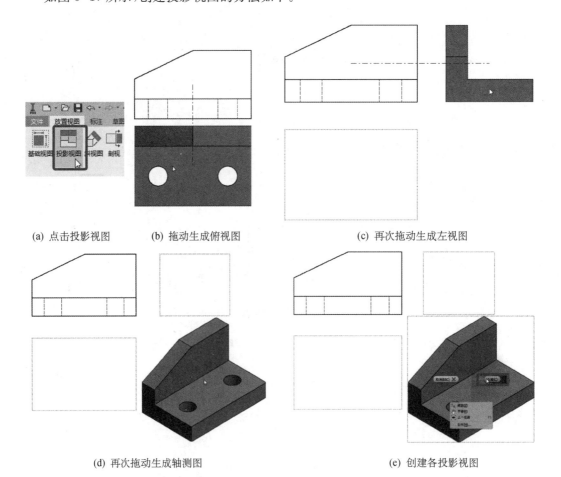

(a) 点击投影视图　　(b) 拖动生成俯视图　　(c) 再次拖动生成左视图

(d) 再次拖动生成轴测图　　(e) 创建各投影视图

图 5-17　创建投影视图

● 打开工程图文件"投影视图.idw"。

● 单击工具面板放置视图选项卡中的"投影视图"功能按钮,左击选中图形区中待投影的视图,拖动并在适当的位置左击以创建投影视图(拖动的方向不同,投影得到的结果也会有所不同)。

● 放置完所有投影视图后右击,选择右键菜单中的"创建"完成投影视图的创建。

使用投影视图工具创建的正交视图,其视图样式、视图比例将与基础视图保持一致。如图 5-16 所示,基础视图为显示隐藏线且不着色的显示方式,视图比例为 5∶1,则通过投影得到的俯视图与左视图也将继承这种样式与比例。若需更改,可在投影得到的视图(俯视图、左视图)上双击,打开"工程视图"对话框,去除显示方式或视图比例前的"与基础视图样式一致"勾选符号,并根据需要调整视图的显示方式或比例,如图 5-18 所示。

图 5-18　投影视图样式调整

3. 斜视图

斜视图常用于表达零部件上不平行于基本投影面的结构,如图 5-19 所示。

如图 5-20 所示,创建斜视图的方法如下。

● 打开工程图文件"斜视图.idw"。

● 单击工具面板"放置视图"选项卡中的"斜视图"功能按钮,左击选中用于创建斜视图的视图,在"斜视图"对话框中完成相应的设置(如比例、显示方式等)。

● 选择现有视图上的几何图元作为斜视图的投影方向,此时可向垂直或平行于选中的几何图元的方向拖动以创建不同方向的斜视图。

● 移动鼠标将斜视图放置在适当的位置后左击确认,完成斜视图的创建。

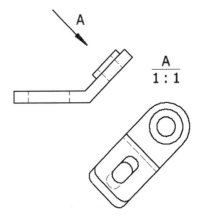

图 5-19　斜视图表达零件上不平行于基本投影面的结构

图 5-20 中的斜视图需进行进一步的修剪,仅保留用于表达圆台端面的部分(图 5-21)。如图 5-22 所示,修剪视图的方法如下。

(a) 选择"斜视图"功能按钮　　　　　(b) 选中对象后打开"斜视图"对话框

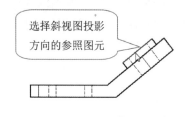

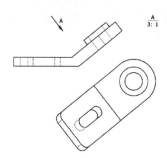

(c) 选择斜视图的投影方向　　(d) 拖动确定斜视图的方向与位置　　(e) 创建斜视图

图 5-20　创建斜视图

● 选中视图,点击工具面板中的"创建草图"功能按钮创建与选中视图相关联的草图。

● 在草图中用样条曲线工具绘制闭合轮廓,指定视图中待保留部分的范围。

● 完成草图,选中草图中的闭合轮廓并点击工具面板中的"修剪"功能按钮修剪视图,完成斜视图的编辑修改。

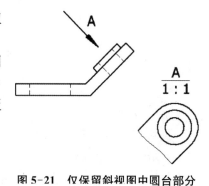

图 5-21　仅保留斜视图中圆台部分

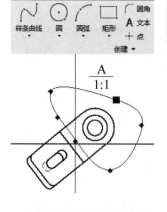

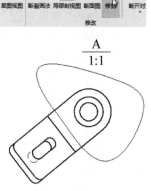

(a) 选中视图并创建草图　　(b) 绘制轮廓指定保留范围　　(c) 选中轮廓点击修剪按钮

图 5-22　修剪斜视图

4. 剖视图

剖视图常用于表达零部件的内部结构,如图5-23所示。

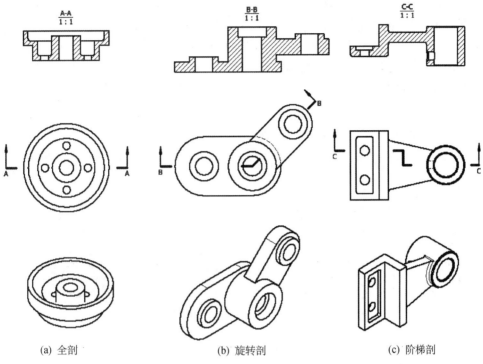

| (a) 全剖 | (b) 旋转剖 | (c) 阶梯剖 |

图 5-23　剖视图表达零部件的内部结构

创建剖视图的方法如下。

(1) 打开工程图文件"剖视图.idw"。

创建图 5-23(a)中的全剖视图,如图 5-24 所示。

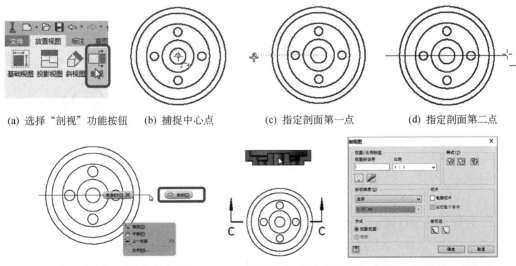

(a) 选择"剖视"功能按钮　(b) 捕捉中心点　(c) 指定剖面第一点　(d) 指定剖面第二点

(e) 右击并选择"继续"创建剖视图　(f) 放置视图,配置"剖视图"对话框,完成剖视图的创建

图 5-24　创建全剖视图

● 单击工具面板"放置视图"选项卡中的"剖视"功能按钮,移动鼠标至零件俯视图的中心位置,捕捉零件中心孔的圆心(跟随鼠标的黄色圆点变为绿色表明捕捉成功),然后将鼠标沿由圆心出发的水平线(虚线)移至视图左侧,左击确定剖切面的第一点,再次沿虚线移动鼠标至视图右侧,左击创建剖切面的第二点,完成剖切面位置的指定。

● 右击,选择右键菜单中的"继续",在打开的"剖视图"对话框中完成相应的设置(如比例、显示方式、剖切深度等,此例中保持默认即可),并在图形区中移动鼠标将剖视图带到合适的位置后左击,完成全剖视图的创建。

(2) 创建旋转剖视图与阶梯剖视图。

与全剖视图的创建方法相似,可通过指定剖切线端点的方式绘制剖切线,从而确定剖面所在的位置,并创建旋转剖视图与阶梯剖视图,如图 5-25 和图 5-26 所示。

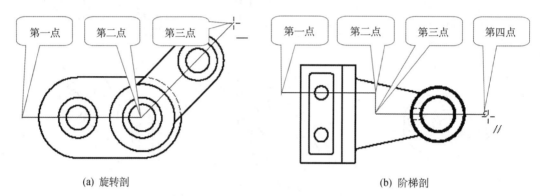

(a) 旋转剖   (b) 阶梯剖

图 5-25 旋转剖与阶梯剖剖切线的指定

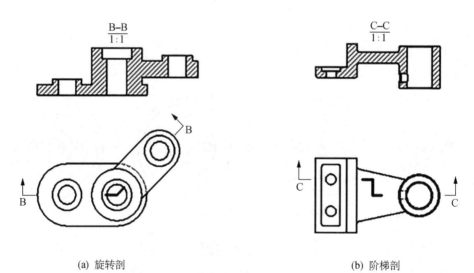

(a) 旋转剖   (b) 阶梯剖

图 5-26 旋转剖视图与阶梯剖视图效果

(3) 对剖视图进行调整。

● 对于由 Inventor 创建的全剖或半剖视图,剖切线和视图标识符默认为打开状态,故双击全剖(或半剖)视图,打开"工程视图"对话框,进入"显示选项"选项卡中去除对"在基础视图中显示投影线"选项的勾选,并关闭视图标识符的"可见性"按钮,如图 5-27 所示。

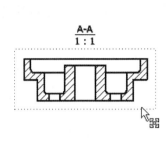

(a) 双击视图

(b) 配置对话框

图 5-27　关闭剖切线及视图标识符的"可见性"

● 对于由 Inventor 创建的阶梯剖视图,剖切面改变的位置会出现一条可见轮廓线,故应左击将其选中并右击,去掉右键菜单中对"可见性"选项的勾选以去除该轮廓线。

也可根据需要,拖动剖切线的顶点更改剖切线的位置、拖动视图标识符调整其所在位置、双击视图中的剖面线修改剖面线的特性、双击视图标识符对其进行编辑。

5. 局部视图

局部视图即局部放大图,将零部件的部分结构用大于原图形所采用的比例绘出,以更好地表达零部件上尺寸相对较小的结构,如图 5-28 所示。

如图 5-29 所示,创建局部视图的方法如下。

● 打开工程图文件"局部视图.idw"。

● 单击工具面板"放置视图"选项卡中的"局部视图"功能按钮,在图形区中选中用于创建局部视图的现有视图。

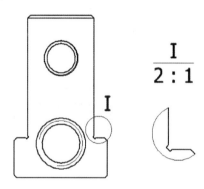

图 5-28　用局部视图表达尺寸相对较小的结构

(a) 选择"局部视图"功能按钮

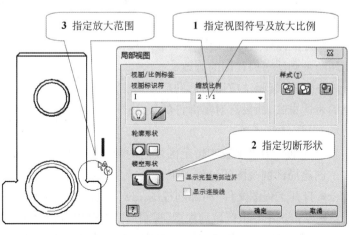

(b) 设置"局部视图"对话框并指定放大区域的范围

图 5-29　创建局部视图

● 在打开的"局部视图"对话框中将视图标识符由默认的"A"改为"I",将切断形状由默认的"锯齿过渡"改为"平滑过渡"。

● 在图形区中的适当位置通过两次左击分别确定放大区域的圆心及半径,继续移动鼠标并在图纸空白处左击确定局部视图的位置,完成局部视图的创建。

● 根据需要,拖动视图中圆形的绿色控制点可改变被放大区域的大小及位置。

6. 断裂画法

较长的机件(如轴、杆、连杆等)沿长度方向的形状一致或按一定规律变化时,可使用断裂画法绘制以省略重复部分,使其符合工程图幅面大小的要求,如图 5-30 所示。采用断裂画法绘制的视图,尽管图上的尺寸有所变化,但其尺寸信息仍与断裂前一致。

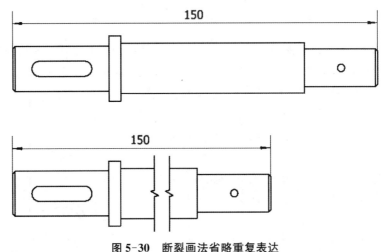

图 5-30　断裂画法省略重复表达

如图 5-31 所示,使用断裂画法修改视图的过程如下。

● 打开工程图文件"断裂画法.idw"。

● 单击工具面板"放置视图"选项卡中的"断裂画法"功能按钮,在图形区中左击选中待应用断裂画法的视图,打开"断开视图"对话框,可在该对话框中选择断面的样式、方向及显示方式等(注意暂不要点击"确定")。

● 将鼠标移至待应用断裂画法的视图,通过两次左击分别指定断裂的起点与终点,完成使用断裂画法对原视图的修改。

注意:断裂画法应用前后的尺寸值相同,表明断裂画法的应用仅更改了零部件在工程图上的表达方式,而没有对零部件的尺寸产生影响。

7. 局部剖视图

局部剖视图用于表达指定区域的内部结构,如图 5-32 所示。

创建局部剖视图的过程如下。

● 打开工程图文件"局部剖视图.idw"(文件中左侧已完成的局部剖视图可供参考)。

● 左击选中右上区域的视图(视图周围出现虚线边框表示被选中),单击工具面板"放置视图"选项卡中的"开始创建草图"功能按钮,创建与被选中视图相关联的草图,用"样条曲线"工具绘制闭合轮廓作为局部剖视图的剖切范围,并单击"完成草图"按钮,如图 5-33 所示。

(a) 选择"断裂画法"功能按钮

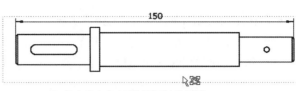

(b) 单击选中待应用断裂画法的视图

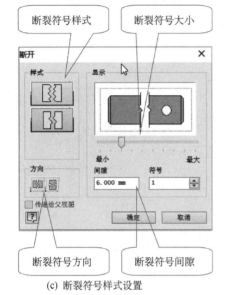

(c) 断裂符号样式设置

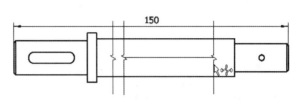

(d) 两次单击确定断裂的起点与终点

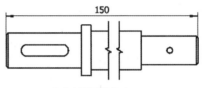

(e) 完成断裂画法修改

图 5-31 断裂画法修改已有视图

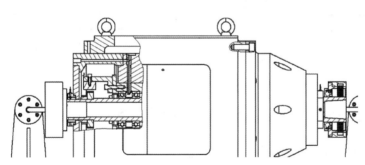

图 5-32 局部剖视图表达指定区域的内部结构

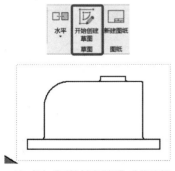

(a) 点击"开始创建草图"功能按钮

(b) 用样条曲线绘制用于指定剖切范围的草图

图 5-33 剖切范围的指定

● 单击工具面板中的"局部剖视图"功能按钮,并在图形区中选择右上区域的视图,打开"局部剖视图"对话框;由于先前仅绘制了一个用于指定剖切范围的草图,故 Inventor 已自动将其选中作为截面轮廓(剖切范围);接下来指定剖切的深度,选择默认的"自点"方式,并通过在右下区域的视图中选取一点来指定剖切终止面所在的位置(图中虚线),点击"局部剖视图"对话框中的"确定"完成局部剖视图的创建,如图 5-34 所示。

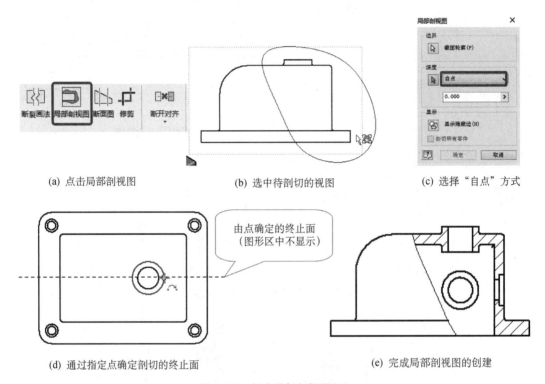

(a) 点击局部剖视图　　　(b) 选中待剖切的视图　　　(c) 选择"自点"方式

(d) 通过指定点确定剖切的终止面　　　(e) 完成局部剖视图的创建

图 5-34　创建局部剖视图(1)

● 重复上述两步操作,为右下区域中的视图创建局部剖视图,如图 5-35 所示。

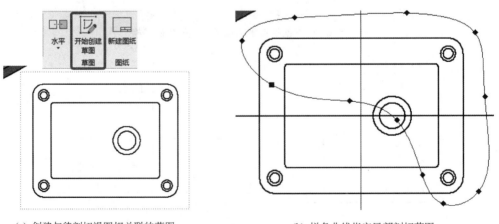

(a) 创建与待剖切视图相关联的草图　　　(b) 样条曲线指定局部剖切范围

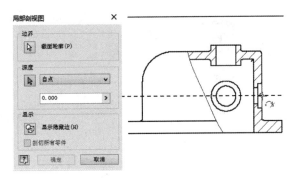
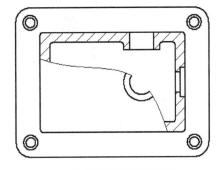

(c) 通过指定点确定剖切的终止面　　　　　　(d) 完成局部剖视图的创建

图 5-35　创建局部剖视图(2)

5.3　工程图标注

工程图除表达零部件形状之外,还需表达零部件的大小及各组成要素的方向和位置,因此,标注是工程图的重要组成部分。

5.3.1　中心线

工程图中零件轴线、对称中心线、孔心等位置应标注中心线,如图 5-36 所示。Inventor 提供自动和手动两种方式添加工程图中的中心线。

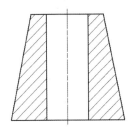
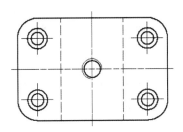
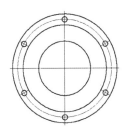

图 5-36　工程图中的中心线

1. 自动中心线

如图 5-37 所示,使用自动中心线工具添加视图中心线的方法如下。

● 选中待添加中心线的视图并右击,选择右键菜单中的"自动中心线"打开"自动中心线"对话框。

● 在该对话框中应用选择自动中心线或中心标记的对象和投影方向,并可通过指定"半径阈值"进一步选择对某一特征中的哪些对象应用自动中心线或中心标记,例如将圆角半径阈值的最小值、最大值分别指定为 3 mm、10 mm 后,自动中心线将排除此范围之外的对象而仅对这一范围的圆角特征添加中心线。

● 完成对话框中相应的设置后点击"确定"按钮,完成自动中心线的绘制。

● 拖动相应的控制点调整中心线。

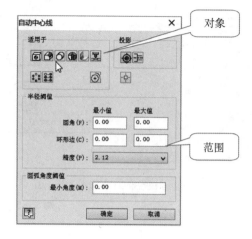

(a) 选中视图并点击右键菜单中的"自动中心线"　　　　　(b) 指定应用对象与对象范围

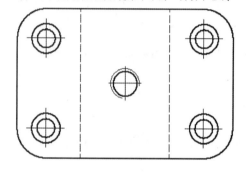

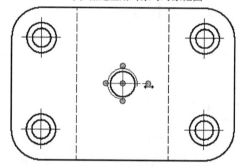

(c) 中心线自动添加完成　　　　　　　　(d) 拖动控制点调整中心线

图 5-37　自动中心线

2. 手动中心线

可通过工具面板"标注"选项卡"符号"区域中的"中心线""对分中心线""中心标记"与"中心阵列"四个功能按钮手动创建中心线,如图 5-38 所示。

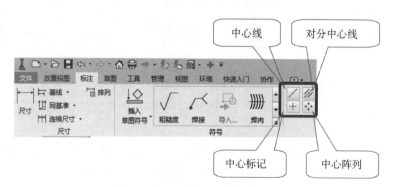

图 5-38　手动中心线功能按钮

中心线常用于添加回转体轴线与孔的中心线。使用时,首先单击该功能按钮,然后依次指定两点或孔,完成中心线的创建,如图 5-39 所示。

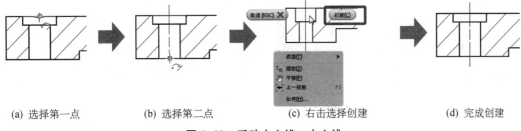

| (a) 选择第一点 | (b) 选择第二点 | (c) 右击选择创建 | (d) 完成创建 |

图 5-39 手动中心线—中心线

对分中心线用于创建两条边的对分中心线。使用时,首先单击该功能按钮,然后依次指定两条边,完成对分中心线的创建,如图 5-40 所示。

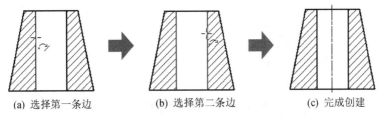

| (a) 选择第一条边 | (b) 选择第二条边 | (c) 完成创建 |

图 5-40 手动中心线—对分中心线

中心标记用于创建选定的圆弧或圆的中心标记。使用时,首先单击该功能按钮,然后选择圆弧或圆,完成中心标记的创建,如图 5-41 所示。

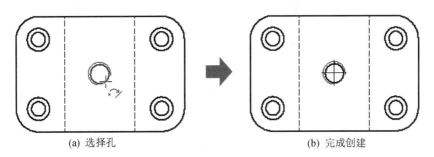

| (a) 选择孔 | (b) 完成创建 |

图 5-41 手动中心线—中心标记

中心阵列用于创建特征阵列的环形中心线。使用时,首先单击该功能按钮,指定阵列中心,然后选择阵列后的对象,完成环形阵列特征中心线的创建,如图 5-42 所示。

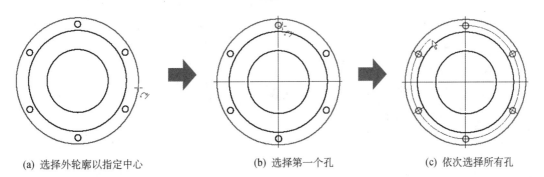

| (a) 选择外轮廓以指定中心 | (b) 选择第一个孔 | (c) 依次选择所有孔 |

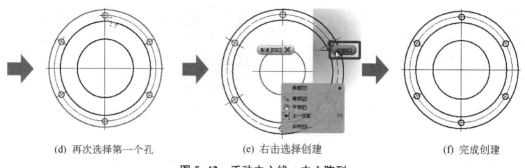

(d) 再次选择第一个孔　　　　　(e) 右击选择创建　　　　　(f) 完成创建

图 5-42　手动中心线—中心阵列

5.3.2　尺寸

Inventor 工程图尺寸分为模型尺寸与工程图尺寸两种。模型尺寸是控制零件特征大小的尺寸,即零件建模时在创建草图和添加特征的过程中所添加的尺寸;工程图尺寸是设计人员为更好地表达设计思想而在工程图中新标注的尺寸。其中,模型尺寸可与零件模型相互驱动,即无论是在零件的大小还是在工程图环境中更改图中的尺寸,二者均会相互驱动保持一致;而工程图尺寸仅起到反映零部件当前状态的作用,即当零部件模型的尺寸发生变化时,工程图尺寸会对这种变化做出反应,但更改工程图尺寸的值,不会影响到原有的零部件模型。

1. 模型尺寸

通常,使用检索的方式获取模型尺寸。如图 5-43 所示,首先左击工具面板"标注"选项卡"尺寸"区域的"检索"功能按钮,打开"检索尺寸"对话框;接下来在图形区中选择待添加模型尺寸的视图,并选择通过哪一种方式进行尺寸检索("选择特征"方式以拉伸、旋转等特征为单位进行尺寸检索;"选择零件"方式以整个零件为单位进行尺寸检索),此时,检索获取的尺寸将在视图上显示;最后通过"选择尺寸"按钮确定需要添加的模型尺寸,完成工程图尺寸信息的添加。

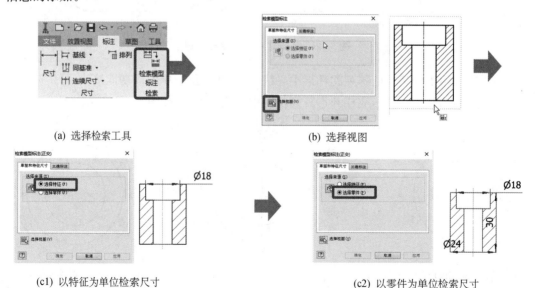

(a) 选择检索工具　　　　　　　　(b) 选择视图

(c1) 以特征为单位检索尺寸　　　　(c2) 以零件为单位检索尺寸

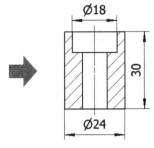

(d) 点击确定生成尺寸

图 5-43 检索尺寸

尺寸添加完成后,拖动尺寸可调整其位置,如图 5-44 所示。

如前所述,模型尺寸可与原模型之间实现相互驱动。如图 5-45 所示,选中尺寸右击,并选择右键菜单中的"编辑模型尺寸"更改尺寸值,将同时对工程图与原模型产生影响;同样,在原模型中更改某一尺寸大小,工程图也将做出相应的变化。

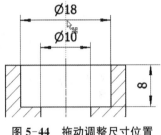

图 5-44 拖动调整尺寸位置

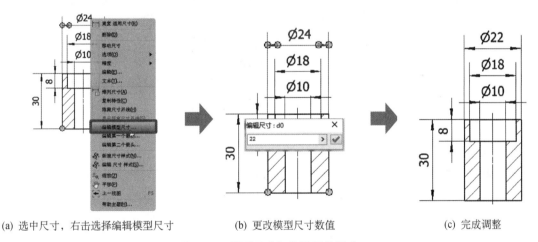

(a) 选中尺寸,右击选择编辑模型尺寸　　(b) 更改模型尺寸数值　　(c) 完成调整

图 5-45 模型尺寸与模型间的驱动

2. 工程图尺寸

工程图尺寸由用户自行添加,作为对模型尺寸不完整标注或不规范标注的补充。工程图尺寸仅仅是对模型当前状态的描述,模型尺寸发生变化时,工程图尺寸会发生相应的变化,但对工程图尺寸做出的修改,不会对模型产生影响。

添加工程图尺寸的工具有"通用尺寸""孔和螺纹""倒角"等。

1) 通用尺寸

"通用尺寸"功能按钮位于工具面板的"标注"选项卡的"尺寸"区域,如图 5-46(a)所示,可用于标注线性尺寸、圆形尺寸、角度尺寸等,如图 5-46(b)所示。通用尺寸工具的使用方法与草图环境中添加尺寸约束的方法相类似。

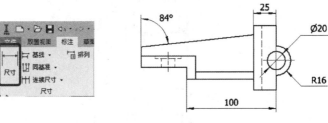

(a)"通用尺寸"按钮   (b) 通用尺寸工具创建工程图尺寸

图 5-46   通用尺寸

2）孔和螺纹

"孔和螺纹"功能按钮位于工具面板的"标注"选项卡的"特征注释"区域,如图 5-47(a)所示;使用时首先点击该按钮,然后选中需要标注的孔或螺纹特征,将鼠标拖至适当的位置左击完成孔和螺纹的注释,如图 5-47(b)所示。

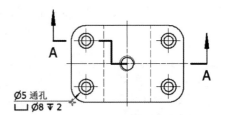

(a)"孔和螺纹"功能按钮   (b) 孔和螺纹注释工具创建工程图注释

图 5-47   孔和螺纹

3）倒角

"倒角"功能按钮位于工具面板的"标注"选项卡的"特征注释"区域,如图 5-48(a)所示。使用时,首先点击该按钮,然后选择倒角的两条边,将鼠标拖至适当的位置左击完成倒角的注释,如图 5-48(b)所示。

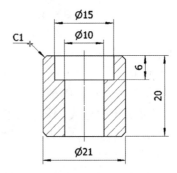

(a)"倒角"功能按钮   (b) 倒角工具创建工程图注释

图 5-48   倒角

3. 尺寸调整

1）样式调整

通过选中尺寸右击打开的关联菜单可对其样式进行调整，如图 5-49 所示。

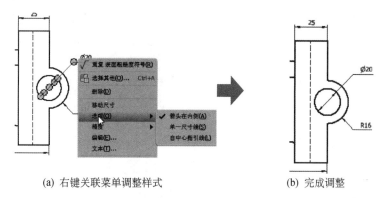

(a) 右键关联菜单调整样式　　　　(b) 完成调整

图 5-49　样式调整

2）尺寸编辑

如图 5-50 所示，选中尺寸，右击选择"编辑"打开"编辑尺寸"对话框，对话框"文本"选项卡可编辑或替换尺寸的显示值；"精度与公差"选项卡可调整尺寸的公差方式与精度。

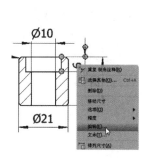 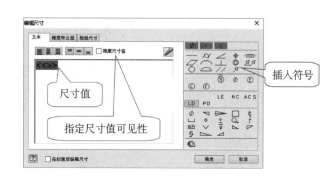

(a) 选中并右击选择"编辑"　　　(b) "编辑尺寸"对话框"文本"选项卡

(c) "精度与公差"选项卡

图 5-50　尺寸编辑

5.3.3 常用符号

工程图可直接添加表面粗糙度、形位公差、焊接等常用符号，如图 5-51 所示。

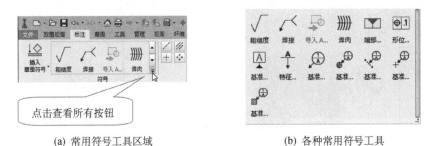

(a) 常用符号工具区域　　　　　　　　(b) 各种常用符号工具

图 5-51　常用符号工具

以表面粗糙度符号为例，介绍添加常用符号的方法。如图 5-52 所示，首先左击"粗糙度"功能按钮，粗糙度符号将跟随鼠标进入图形区，选择视图中恰当的位置放置粗糙度符号，此时可再次左击确定粗糙度符号指引线的控制点，也可右击选择"继续"进入"表面粗糙度符号"对话框，在对话框中选择表面类型并输入表面粗糙度的值，确定完成表面粗糙度符号的创建。

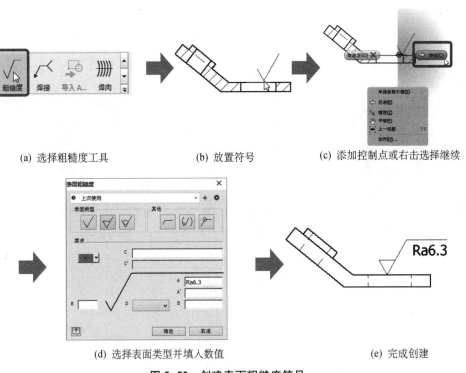

(a) 选择粗糙度工具　　　　(b) 放置符号　　　　(c) 添加控制点或右击选择继续

(d) 选择表面类型并填入数值　　　　　　(e) 完成创建

图 5-52　创建表面粗糙度符号

5.3.4 文本

工程图中可添加文本及带有指引线的文本。

1. 文本

文本工具常用来填写标题栏、书写技术要求。

如图 5-53 所示,"文本"功能按钮位于工具面板"标注"选项卡的"文本"区域,使用时,首先单击该按钮,在工程图中待添加文本的位置左击并拖动,指定文本的位置与范围,接下来在打开的"文本格式"对话框中输入文本,同时可以进行选择字体、字号及对齐方式等操作,完成后点击"确定",完成工程图中文本的插入。

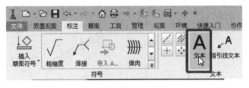

(a) 选择文本工具

(b) 指定位置及范围

(c)"文本格式"对话框

图 5-53 文本

2. 指引线文本

指引线文本用来创建带有指引线的注释。

如图 5-54 所示,"指引线文本"功能按钮位于工具面板"标注"选项卡的"文本"区域,使用时,首先单击该功能按钮,左击确定指引线的箭头(或其他符号)的位置,此时继续左击可添加指引线的控制点,也可右击选择右键菜单中的"继续",在打开的"文本格式"对话框中输入指引线文本的内容,同时进行选择字体、字号及对齐方式等操作,完成后点击"确定"完成指引线文本的插入。插入后可将其选中并右击,选择"编辑箭头"调整指引线起点的样式。

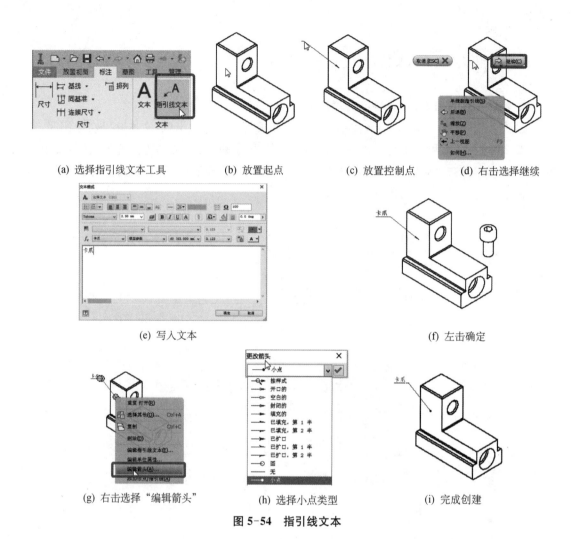

(a) 选择指引线文本工具　　　(b) 放置起点　　　(c) 放置控制点　　　(d) 右击选择继续

(e) 写入文本　　　　　　　　　　　　　　(f) 左击确定

(g) 右击选择"编辑箭头"　　　(h) 选择小点类型　　　(i) 完成创建

图 5-54　指引线文本

5.3.5　引出序号与明细栏

为方便读图、组织生产、管理图样,产品总图中应对其组成部分(零件、部件)进行编号,并且在标题栏的上方或另附的明细栏中填写它们的名称、数量、材料等内容,如图 5-55 所示。

1. 引出序号

"引出序号"功能按钮位于工具面板"标注"选项卡的"表格"区域,如图 5-56 所示,可通过手动、自动两种方式进行引出序号的添加。

1) 手动引出

如图 5-57 所示,左击图 5-56 中的"引出序号"功能按钮,在视图中选择待引出需要的零部件,打开"BOM 表特性"对话框,若产品模型中包含多级装配,则可通过该对话框选择引出序号的级别,这里无需选择直接确定即可,接下来指定引出序号指引线的控制点,控制点指定完毕后右击选择"继续",并再次右击选择"完毕"完成序号的手动引出。

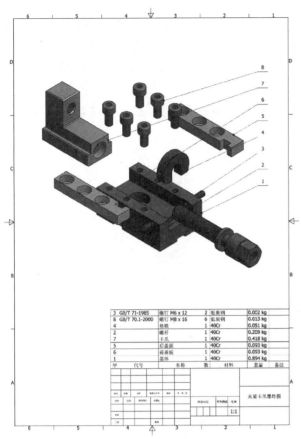

3	GB/T 71-1985	螺钉 M6 x 12	2	低炭钢	0.002 kg	
8	GB/T 70.1-2000	螺钉 M8 x 16	6	低炭钢	0.013 kg	
4		拖块	1	40Cr	0.051 kg	
2		螺杆	1	40Cr	0.209 kg	
7		卡爪	1	40Cr	0.418 kg	
5		后盖板	1	40Cr	0.093 kg	
6		前盖板	1	40Cr	0.093 kg	
1		基体	1	40Cr	0.894 kg	
序	代号	名称	数	材料	重量	备注

夹紧卡爪爆炸图

1:1

图 5-55　引出序号与明细栏

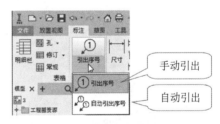

图 5-56　"引出序号"功能按钮

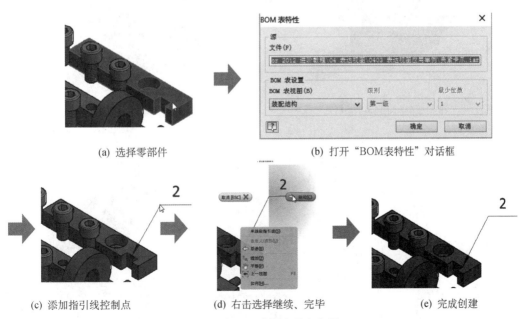

(a) 选择零部件　　　(b) 打开"BOM表特性"对话框

(c) 添加指引线控制点　　(d) 右击选择继续、完毕　　(e) 完成创建

图 5-57　手动创建引出序号

2）自动引出

如图 5-58 所示，左击图 5-56 中的"自动引出序号"功能按钮，打开"自动引出序号"对话框，通过该对话框依次完成视图集选择（图形区中左击选择待自动引出序号的视图）、视图集中的零部件选择（图形区中左击选择待自动引出序号的零部件，可通过框选选择所有零部件）、BOM 表设置（多级装配时选择序号引出至哪一级别）、放置方式（可选择环绕、水平或竖直三种方式，并可设置各方式下序号的间距）及序号样式，最后点击确定完成自动引出序号。

(a) 打开"自动引出序号"对话框

(b) 选择视图[图(a)中步骤1]　　　　(c) 选择零部件[图(a)中步骤2]

(d) 放置序号[图(a)中步骤4~6]　　　　(e) 完成创建

图 5-58　自动创建引出序号

3）序号调整

一般来说，引出序号应按照顺时针或逆时针顺序尽可能均匀地排列，故有时需对序号进行调整。如图 5-59 所示，选中某一序号后右击，选择右键菜单中的"编辑"打开"编辑引出序号"对话框可编辑序号的样式与数值。

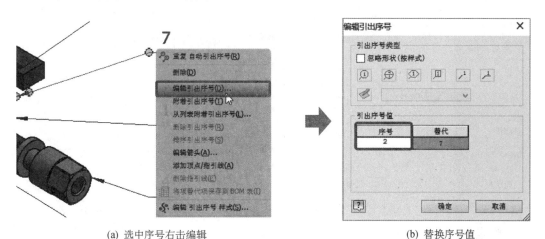

(a) 选中序号右击编辑　　　　　　　　(b) 替换序号值

图 5-59　序号替换

若序号排布较乱，可使用对齐工具进行重新排布。如图 5-60 所示，选中待排布的序号并右击，选择右键菜单中的对齐对序号进行重新排布。

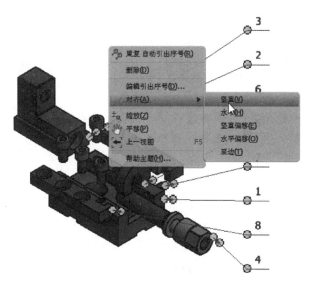

图 5-60　序号排布

2. 明细栏

Inventor 工程图模块可自动生成明细栏，并将明细栏中的信息与零部件文件相关联。生成明细栏可按照编辑零部件信息、调整明细栏样式和自动生成明细栏的步骤进行，其中前两项为生成明细栏的准备工作。

1）编辑零部件信息

如图 5-61 所示，打开待生成明细栏的图纸中所涉及的零部件文件，进入 iProperty 中对零部件的特性进行编辑，如通过对话框"物理特性"选项卡指定零件材料；通过"项目"选项卡输入"零件代号""设计人"等信息。

(a) 进入 iProperty   (b) iProperty对话框

图 5-61 通过 iProperty 编辑零部件信息   图 5-62 添加材料

若"物理特性"选项卡中查找不到所需的材料，则可通过快速启动栏"材料"选项卡中的"在文档中创建新材质"新建该材料，如图 5-62 所示。

事实上，由于数字化模型不仅包含零件的形状、尺寸信息，还应包含零件的材料、工艺等多方面信息，故编辑零件信息这一步骤在创建零件文件时就应完成。

2）调整明细栏样式

默认状态下，Inventor 所提供的明细栏与我国的相关规定不完全符合，故创建明细栏前应调整其样式。

如图 5-63 所示，打开待创建明细栏的工程图文件，左击工具面板"管理"选项卡中的"样式编辑器"按钮，展开"样式和标准编辑器"对话框左侧浏览器中的"明细栏"并激活"明细栏(GB)"，对其内容和样式做修改。首先去掉"标题"前的勾选符号，接下来单击"列选择器"按钮打开"明细栏列选择器"对话框并选择明细栏中的所需内容，然后返回并更改各列的名称与列宽，最后保存对明细栏的更改并关闭"样式和标准编辑器"对话框。

3）自动生成明细栏

如图 5-64 所示，左击工具面板"标注"选项卡"表格"区域的"明细栏"功能按钮，打开"明细栏"对话框，首先在图形区中通过选择视图指定待生成明细栏的部件，然后单击"确定"，明细栏将跟随鼠标进入图形区，移动至适当的位置左击，完成明细栏的放置。

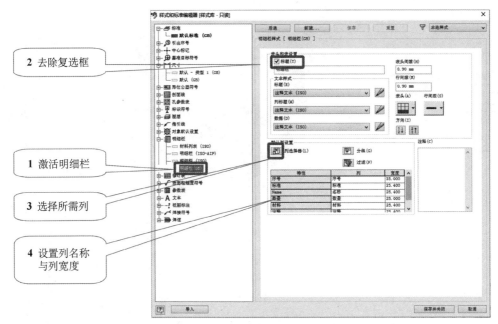

(a) "样式和标准编辑器"对话框

(b) 通过列选择器指定明细栏各列[图(a)中步骤3，注意列顺序]

特性	列	宽度
项目	序号	8.000
标准	代号	40.000
零件代号	名称	44.000
数量	数量	8.000
材料	材料	38.000
数量	数量	8.000
材料	材料	38.000
质量	重量	22.000
注释	备注	20.000

(c) 列名称与列宽度
[图(a)中步骤4]

图 5-63 调整明细栏样式

　　若自动生成的明细栏仍不符合要求,则可通过选中明细栏右击并选择"编辑明细栏",在打开的"明细栏"对话框中对明细栏做进一步的调整与完善,如排序、改变列宽度等操作,如图 5-65所示。

5.4 工程图应用举例

　　参考图 5-66 和图 5-67,完成夹紧卡爪的爆炸图及夹紧卡爪零件基体的零件图。

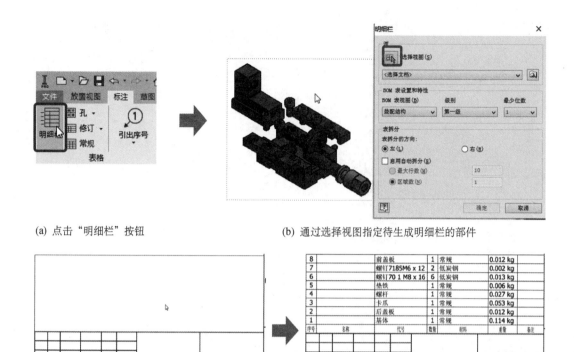

(a) 点击"明细栏"按钮

(b) 通过选择视图指定待生成明细栏的部件

(c) 指定明细栏的位置

(d) 完成放置

图 5-64　放置明细栏

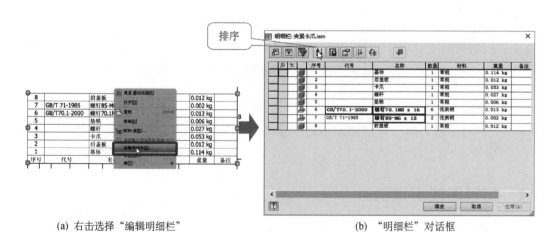

(a) 右击选择"编辑明细栏"

(b) "明细栏"对话框

图 5-65　完善明细栏

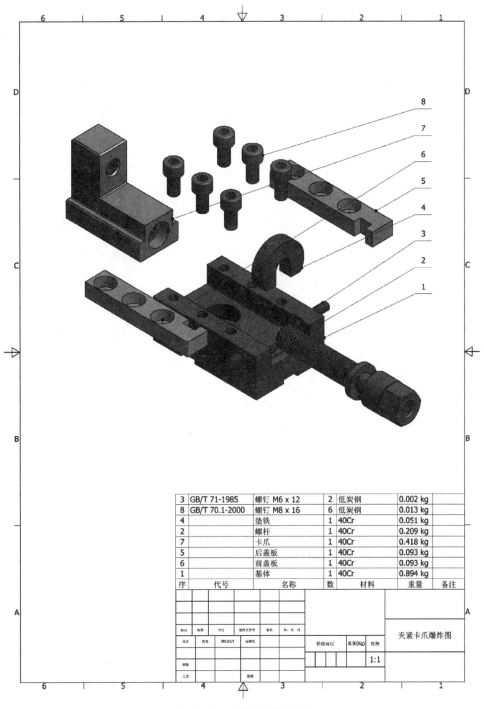

3	GB/T 71-1985	螺钉 M6 x 12	2	低炭钢	0.002 kg	
8	GB/T 70.1-2000	螺钉 M8 x 16	6	低炭钢	0.013 kg	
4		垫铁	1	40Cr	0.051 kg	
2		螺杆	1	40Cr	0.209 kg	
7		卡爪	1	40Cr	0.418 kg	
5		后盖板	1	40Cr	0.093 kg	
6		前盖板	1	40Cr	0.093 kg	
1		基体	1	40Cr	0.894 kg	
序	代号	名称	数	材料	重量	备注

标记	处数	分区	更改文件号	签名	年.月.日				夹紧卡爪爆炸图
设计	提交	2012/1/1	标准化			阶段标记	重量(Kg)	比例	
审核								1:1	
工艺			批准						

图 5-66 夹紧卡爪爆炸图

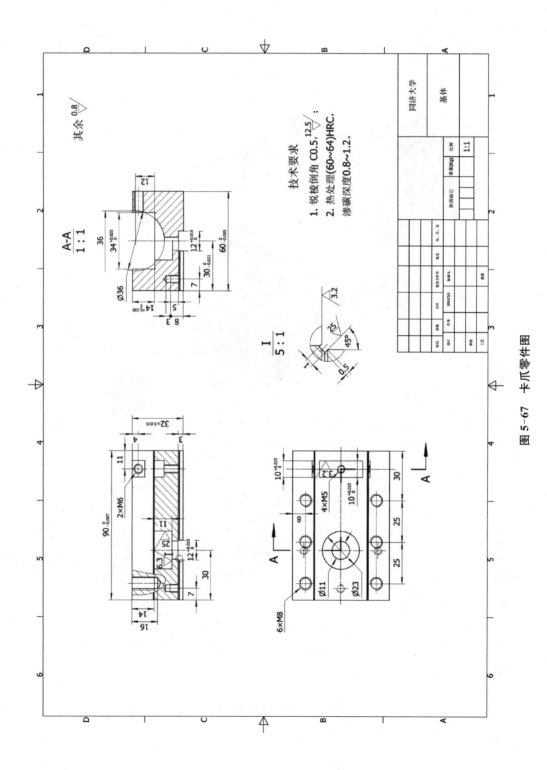

图 5-67 卡爪零件图

6 设计可视化

Inventor 集成了先进的可视化和动画工具，可创建逼真的设计展示。本章将介绍产品外观方案的设置方法，以及产品渲染图像与渲染动画的制作方法。

🔆 学习目标

- 了解产品外观方案的内容；
- 掌握设置产品外观方案的方法；
- 掌握制作产品渲染图像的方法；
- 掌握制作产品渲染动画制作的方法。

6.1 场景与产品视觉方案

可通过 Inventor 工具面板"视图"选项卡中的工具，为图形区中的产品模型选择不同的外观方案，快速地创建产品的设计展示图像，如图 6-1 所示。

图 6-1 置于实验室桌面的电风扇

通过"视图"选项卡，可根据需要快速选择或更改产品的视觉样式、场景样式、阴影及反射、显示模式等。

1. 视觉样式

通过工具面板"视图"选项卡外观区域的"视觉样式"选择工具,可使用真实、着色、带边着色等11种视觉样式方案指定产品视觉样式,如图6-2所示。各视觉样式的含义见表6-1,效果如图6-3所示。

表6-1　产品视觉样式

视觉样式	效果描述
真实	高质量着色的逼真带纹理模型
着色	不显示可见边的着色模型
带边着色	显示可见边的着色模型
带隐藏边着色	显示可见边与隐藏边的着色模型
线框	显示所有模型的可见边(不着色)
带隐藏边的线框	显示模型可见边与隐藏边(不着色)
仅带可见边的线框	显示整体模型的可见边(不着色)
灰度	简化的单色着色模型
水彩色	手绘水彩色外观
草图插图	手绘外观
技术插图	技术着色外观

图6-2　视觉样式选择

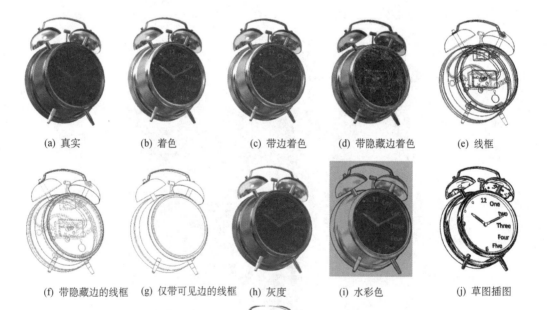

(a) 真实　　(b) 着色　　(c) 带边着色　　(d) 带隐藏边着色　　(e) 线框

(f) 带隐藏边的线框　(g) 仅带可见边的线框　(h) 灰度　(i) 水彩色　(j) 草图插图

(k) 技术插图

图6-3　视觉样式方案

2. 场景样式

除不同的产品视觉样式外,工具面板"视图"选项卡外观区域提供简易房、空实验室等多种场景样式可供选择,如图 6-4 所示。

(a) 选择场景样式　　　　(b) 置于斯图加特庭院的叉车　　　　(c) 置于乡村道路的叉车

图 6-4　场景样式选择

也可根据需要对现有的场景样式进行调整。如图 6-5 所示,点击场景样式下拉菜单中的"设置"按钮,进入"样式和标准编辑器"对场景样式进行调整,如调整场景的光源、改变场景的相对大小、旋转场景等。

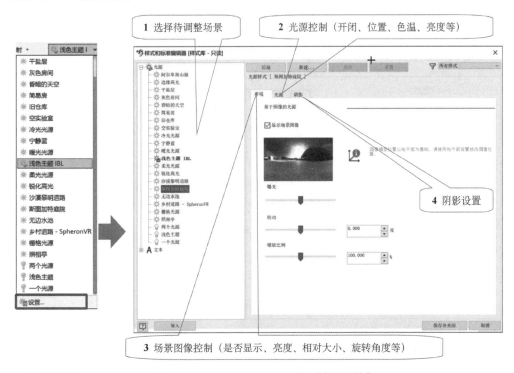

(a) 点击设置　　　　　　　　　　　　　　(b) 编辑场景样式

图 6-5　场景样式调整

以边缘高光为例,该光源包含四个光源。

选中浏览器中"边缘高光"后,在对话框中选择"光源 1"选项卡,可以在选项卡里调整光源 1 的光源颜色、亮度等参数;同理,可以依次按需求调整其他三个光源参数,如图 6-6 所示,"阴影"选项卡用于指定阴影的类型、质量、密度等参数,如图 6-7 所示。

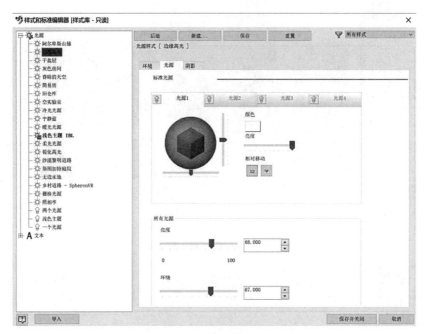

图 6-6　光源样式调整

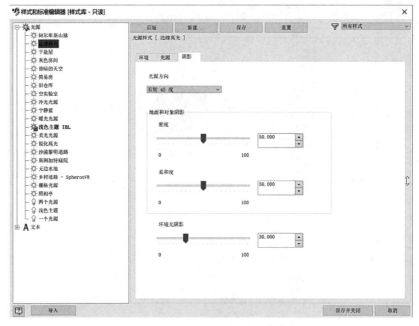

图 6-7　阴影样式调整

注意：由于 Inventor 默认将从 ViewCube 的前表面观察的模型底面作为场景的地平面，如图 6-8 所示，故创建模型时应考虑 ViewCube 前平面与产品模型的对应关系，以便模型建立后快速选择现有场景，得到良好的视觉效果。场景地平面可由图 6-9 所示的方式查看与调整。

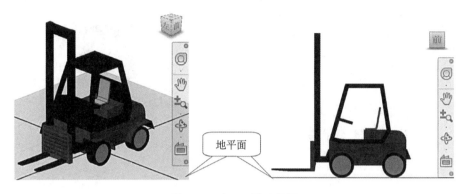

图 6-8　地平面默认位置

(a) 查看与设置

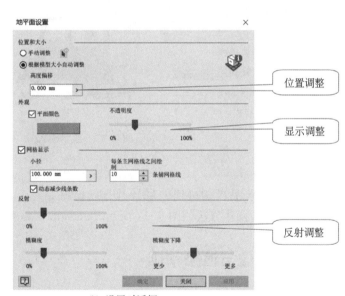

(b) 设置对话框

图 6-9　地平面查看与调整

3. 阴影及反射

通过工具面板"视图"选项卡外观区域的阴影及反射工具，可为图形区中的产品模型添加阴影及反射效果，如图 6-10 所示。阴影与反射的效果取决于所选场景，点击场景样式下拉菜单中的"设置"按钮，或阴影、反射下拉菜单中的"设置"按钮，均可打开样式与标准编辑器，对阴影及反射的效果进行调整。

4. 显示模式

图形区中的模型可采用平行模式或透视模式显示，二者可通过工具面板"视图"选项卡外观区中的功能按钮选择切换,如图 6-11 所示。平行模式与透视模式的区别在于是否具有近大远小的效果,一般来说,建模过程中宜选择无近大远小效果的平行模式,输出效果图时宜选择有近大远小效果的透视模式。

(a) 显示阴影   (b) 显示反射   (c) 阴影及反射效果

图 6-10 阴影及反射

(a) 显示模式切换   (b) 平行模式   (c) 透视模式

图 6-11 显示模式

5. 效果图输出

图形区中的产品模型可连同场景、阴影、反射等导出为图片文件,操作方法如图 6-12 所示。

6.2 渲染图像与渲染动画

Inventor 中集成有 Inventor Studio 模块,用于生成高质量的渲染图像与渲染动画。本节将介绍使用 Inventor Studio 模块生成高质量渲染图像与动画的方法。

6.2.1 场景、灯光、材质与照相机设置

打开零件或部件文件,点击工具面板"环境"选项卡中的"Inventor Studio"功能按钮可启动 Inventor Studio 模块,进入渲染环境,如图 6-13 所示。为达到良好的渲染效果,应首先使用工具面板"渲染"选项卡

图 6-12 效果图输出

"场景"区域中的各工具,进行场景、灯光、材质等内容的设置。

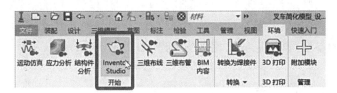

图 6-13　"Inventor Studio"功能按钮

图 6-14　场景、灯光、材质等设置工具

1. 光源样式与局部光源

渲染环境中的光源可分为全局光源与局部光源两种。

全局光源用于整个产品模型,点击图 6-14 中的"Studio 光源样式"功能按钮,打开"光源样式"对话框对光源样式进行设置。

默认状态下,Inventor 提供了"边缘高光""暖光光源"等 20 种光源样式,可直接选择使用,或以这些光源样式为基础进行编辑后使用。如图 6-15 所示,"光源样式"对话框左侧的浏览器用于选择已有的样式;右侧的各选项卡用于调整选定的光源样式。

Inventor Studio 环境中还可根据需要放置局部光源。用于创建局部光源的功能按钮位于工具面板"渲染"选项卡下的"场景"区域,点击该按钮打开"局部光源"对话框,然后在图形区中放置光源,并在对话框中配置相关参数,可完成局部光源的添加,如图 6-16 所示。

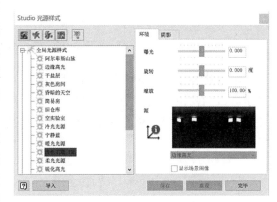

图 6-15　"光源样式"对话框

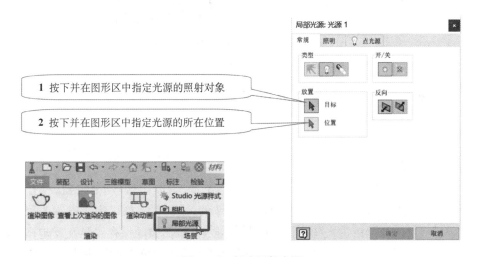

1 按下并在图形区中指定光源的照射对象

2 按下并在图形区中指定光源的所在位置

图 6-16　创建局部光源

2．照相机

照相机用于确定渲染图像或渲染动画的拍摄视角。点击图 6-14 中的"相机"功能按钮打开"照相机"对话框，在图形区中指定照相机的拍摄目标及所在位置（与创建聚光灯光源的方法相似），并在对话框中设置相应的参数，即可完成照相机的创建，如图 6-17 所示。

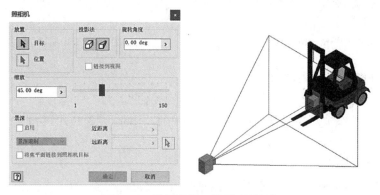

图 6-17　使用相机工具创建照相机

也可从调整完成的视图中创建照相机。如图 6-18 所示，首先在图形区中将产品模型调整至合适的视角，然后选中浏览器中的"照相机"并右击，选择右键菜单中的"从视图创建照相机"，直接完成照相机的创建。该照相机拍摄的视角为此时图形区中的视角。

图 6-18　从视图创建照相机

6.2.2　渲染图像

完成上述场景、灯光、材质与照相机设置后，可进行渲染图像的生成。

如图 6-19 所示，点击工具面板"渲染"选项卡下的"渲染图像"功能按钮，打开"渲染图像"对话框。首先在"常规"选项卡中指定渲染图像的像素，并选取已完成设置的照相机、光源样式以及场景样式；然后进入"输出"选项卡中指定渲染图像的保存路径及反走样选项（四个按钮中自左向右效果依次增强）；配置完成后，点击对话框中的"渲染"按钮，等待渲染结束后保存图像，完成渲染图像的生成。

(a) 点击"渲染图像"

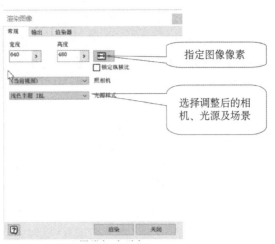

(b) 配置"常规"选项卡

(c) 配置"输出"选项卡

(d) 完成渲染并保存图像

图 6-19   输出渲染图像

6.2.3   渲染动画

本书 3.2.5 小节中介绍了通过驱动约束录制部件工作过程动画的方法,Inventor Studio 模块中,可在此基础生成渲染动画。故录制渲染动画前的部件模型,应首先添加相关约束,然后设置场景、灯光、材质等内容,配置动画时间轴,最后完成动画生成。添加约束的方法详见 3.2.5 小节,场景、灯光、材质与照相机位置的设置方法详见 6.2.1 小节,这里以图 6-20 所示的机械手模型介绍动画时间轴的配置、动画生成的有关内容。

1. 动画时间轴

动画时间轴用于控制整个动画的时长、速度,各步动作在动画中的起始、结束时间,以及动画过程中照相机的位置等内容。

图 6-20   机械手模型

如图 6-21 所示,点击工具面板"渲染"选项卡下"动画制作"区域的"动画时间轴"功能按钮,打开动画时间轴,点击"动画选项"按钮对动画进行整体设置,可在打开的对话框中设置动画的时长、速度等。这里将动画的时长调整为 10.0 s,速度保持其默认设置。

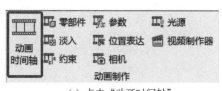

(a) 点击"动画时间轴"

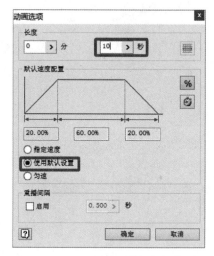

(b) 打开时间轴并点击"动画选项"

(c) 设置动画时长与速度

图 6-21 动画整体设置

接下来,通过类似驱动约束的方式设置动画中的各动作。如图 6-22 所示,展开浏览器,选中相关的约束并右击,选择右键菜单中的"约束动画制作",并在打开的对话框中设置该约束的动作范围与动作时间。这里可按照表 6-2 对关节 1—5 的约束动画进行设置。

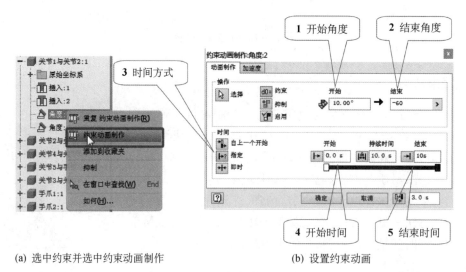

(a) 选中约束并选中约束动画制作

(b) 设置约束动画

图 6-22 各步动作添加

表 6-2　关节 1—5 的约束动画设置

角度约束	开始角度	结束角度	时间方式	开始时间	结束时间
关节 1 角度约束	0.00°	−60.00°	指定	0.0 s	10.0 s
关节 2 角度约束	0.00°	−45.00°	指定	0.0 s	8.0 s
关节 3 角度约束	0.00°	−45.00°	指定	2.0 s	8.0 s
关节 4 角度约束	0.00°	1 800.00°	指定	3.0 s	7.0 s
关节 5 角度约束	0.00°	−90.00°	指定	0.0 s	10.0 s

　　如图 6-23 所示,点击"展开操作编辑器"按钮可展开"动画时间轴"对话框,查看或编辑各步动作。悬停在右侧某一蓝色动作控制条(控制条与左侧浏览器中的约束相对应)上方,可查看动作参数;拖动动作控制条端点,可调整动作时间;选中动作控制条并右击,可进行编辑、删除等操作。

(a) 点击展开操作编辑器

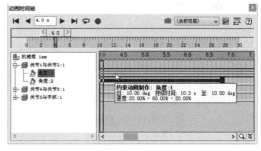

(b) 悬停以查看动作

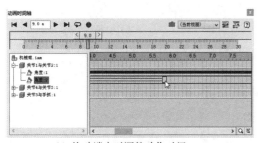

(c) 拖动端点以调整动作时间

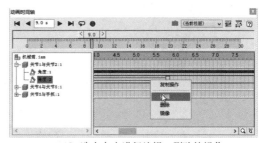

(d) 选中右击进行编辑、删除等操作

图 6-23　各步动作调整

2. 动画生成

　　场景、灯光、材质以及动画时间轴设置完成后,可进行渲染动画的生成。如图 6-24 所示,点击工具面板中的"渲染动画"工具按钮,打开"渲染动画"对话框。与"渲染图像"对话框相似,"常规"选项卡用于指定渲染动画的像素,选取已完成设置的照相机、光源样式以及场景样式;"输出"选项卡用于指定视频文件的保存路径、时长、反走样等级、帧频等。配置完成后,点击对话框右下方的"渲染"按钮进行动画的生成。

(a) 点击"渲染动画"按钮   (b) "输出"选项卡

图 6-24   生成渲染动画

6.3   设计可视化应用举例

6.3.1   台灯场景与产品视觉方案的选择

任务：图 6-25(a)所示为一台灯模型，台灯常放置在室内工作台的表面。使用 6.1 节所介绍的方法，为台灯选择合适的场景及视觉方案，输出台灯效果图。图 6-25(b)可供参考，该图输出过程见本书配套文件(可描述书后二维码下载)。

(a) 台灯模型   (b) 参考效果图

图 6-25   台灯场景与产品视觉方案的选择

6.3.2   叉车模型渲染图像与渲染动画的创建

任务：图 6-26(a)所示为一叉车的简化模型，叉车用于厂区环境，具有两个自由度，即叉在纵向架的上下移动和纵向架绕底部轴的转动。使用 6.2 节所介绍的方法，为叉车制作渲染图像与渲染动画。图 6-26(b) 所示为参考渲染效果图可供参考,参考渲染动画及本例操作过程见本书配套文件(可扫描书后二维码获取)。

(a) 叉车简化模型　　　　　　　　　　　　(b) 参考效果图

图 6-26　叉车模型渲染图像与渲染动画的创建

工业产品设计案例

本章将通过数码相框、窗式换气扇、订书机等案例介绍多实体的设计方法,并综合应用本书中的各种方法,完成数码相框、窗式换气扇和订书机的建模及设计表达。

💡 **学习目标**

● 理解多实体的概念,掌握数码相框等模型的创建方法;
● 综合运用各种方法,完成数码相框等模型的建立与设计表达。

7.1 数码相框模型建立与设计表达

数码相框的六视图、爆炸图及零件图如图 7-1—图 7-8 所示。

数码相框模型的各零件之间存在着明显的关联关系,故可使用多实体建模的方式创建数码相框的模型。

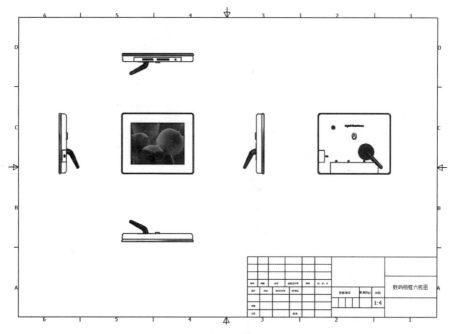

图 7-1 数码相框六视图

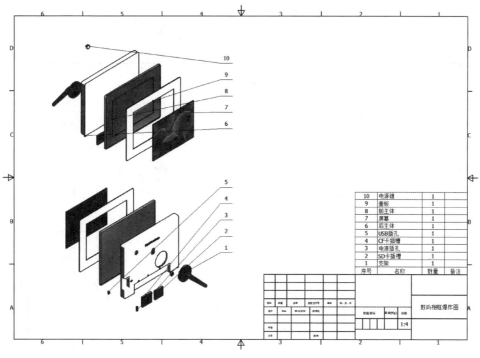

10	电源键	1	
9	盖板	1	
8	前主体	1	
7	屏幕	1	
6	后主体	1	
5	USB插孔	1	
4	CF卡插槽	1	
3	电源插孔	1	
2	SD卡插槽	1	
1	支架	1	
序号	名称	数量	备注

数码相框爆炸图

1:4

图 7-2　数码相框爆炸图

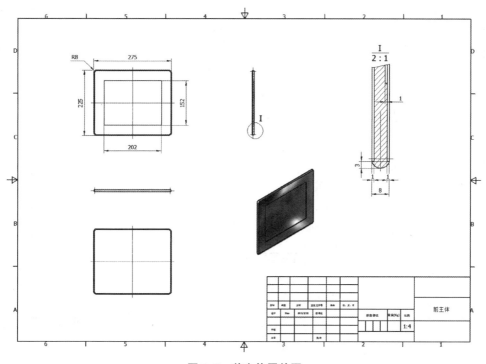

前主体

1:4

图 7-3　前主体零件图

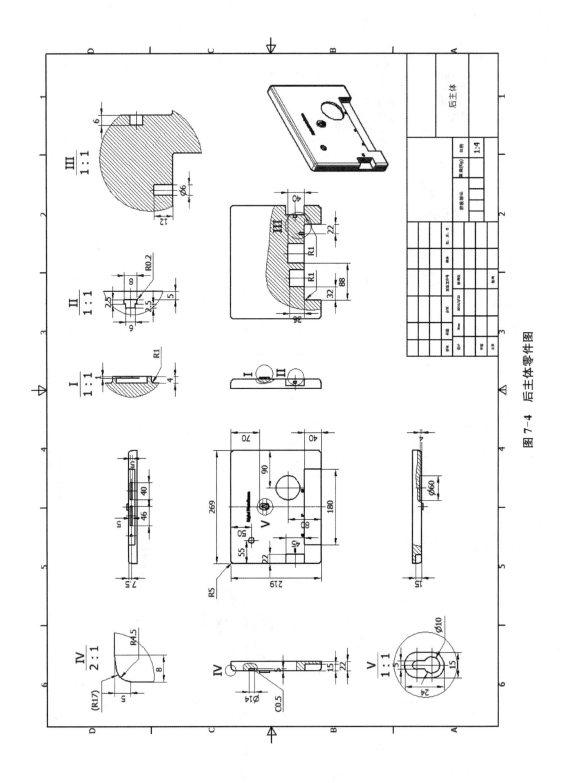

图 7-4 后主体零件图

132

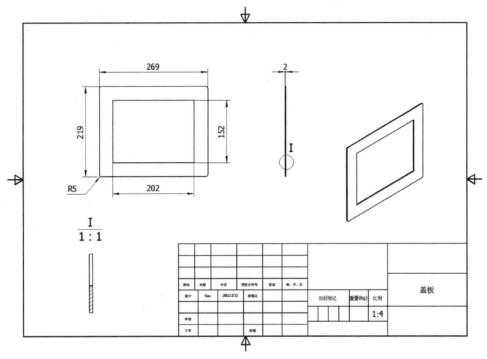

图 7-5 盖板零件图

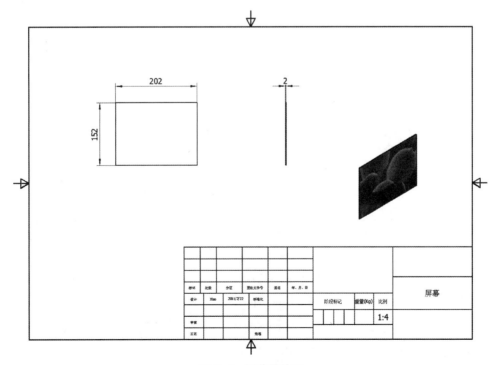

图 7-6 屏幕零件图

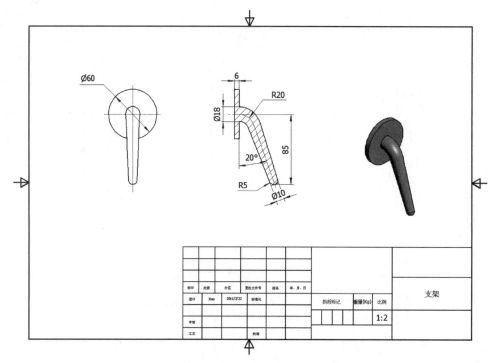

									支架
标记	处数	分区	更改文件号	签名	年.月.日				
设计	Xiao	2011/2/22	标准化			阶段标记	重量(Kg)	比例	
审核								1:2	
工艺			批准						

图 7-7 支架零件图

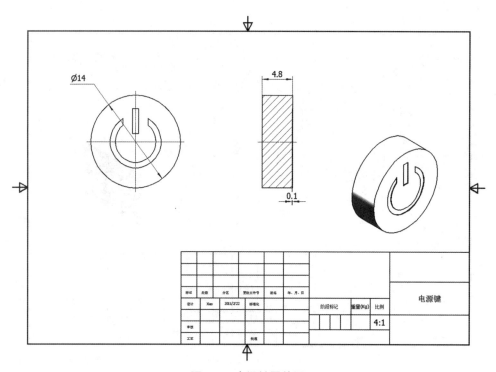

									电源键
标记	处数	分区	更改文件号	签名	年.月.日				
设计	Xiao	2011/2/22	标准化			阶段标记	重量(Kg)	比例	
审核								4:1	
工艺			批准						

图 7-8 电源键零件图

【操作步骤】

首先，创建项目文件。

（1）启动软件，在 Inventor 没有打开任何文件的状态下新建项目文件，如图 7-9 所示。

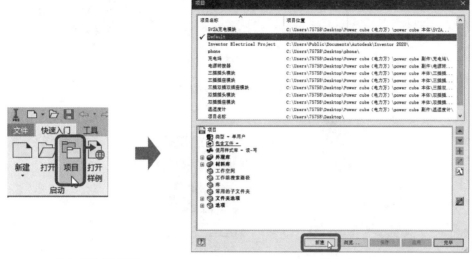

（a）点击"项目"按钮 （b）新建项目

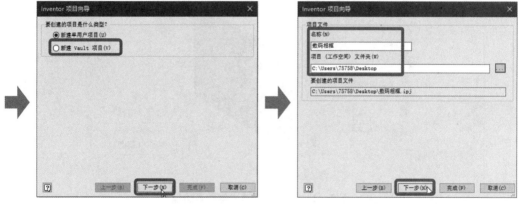

（c）选择项目类型为单用户项目 （d）指定项目名称及保存路径

图 7-9 创建项目文件

接下来，使用多实体建模的方式创建数码相框的模型。

（2）选择标准零件模板（Standard.ipt）新建零件文件，按照图 7-3 所示，在默认的 XY 平面创建用于生成数码相框前主体的草图，并为该草图添加拉伸特征，如图 7-10 所示。使用部件名称"数码相框"作为当前零件文件的文件名保存文件。

（3）在原始坐标系的 YZ 平面创建草图，绘制用于扫掠求差创建前主体边框的草图轮廓，并添加扫掠特征，完成前主体圆弧边框的创建，如图 7-11 所示。

（4）在前主体的前表面创建草图，并直接为投影得到的轮廓添加深度为 1 mm 的求差拉伸特征，如图 7-12 所示。

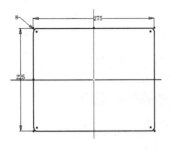

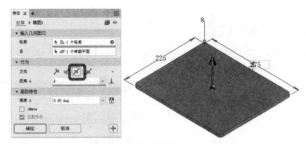

(a) 创建草图

(b) 添加拉伸特征

图 7-10　拉伸生成前主体

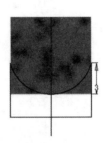

(a) 选择YZ平面创建草图

(b) 绘制圆弧边框截面轮廓

(c) 添加扫掠特征

图 7-11　扫掠创建前主体圆弧边框

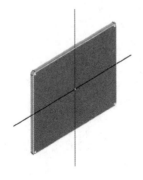

(a) 创建草图

(b) 添加拉伸特征

图 7-12　拉伸生成前主体前表面凹槽

（5）镜像前表面凹槽至后表面，被镜像特征选择"拉伸2"，镜像平面选为原始坐标系的 XY 平面，如图7-13所示。

图 7-13　镜像凹槽至后表面

（6）在前主体前表面凹槽底部创建草图，绘制用于放置屏幕凹槽的轮廓并添加拉伸特征，如图7-14所示。

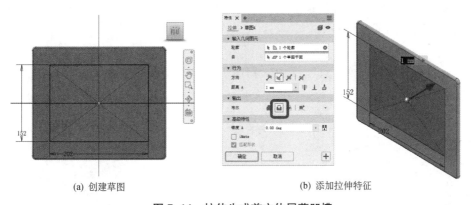

(a) 创建草图　　　　　　　　(b) 添加拉伸特征

图 7-14　拉伸生成前主体屏幕凹槽

（7）在前主体前表面凹槽底部新建草图，使用投影得到的轮廓添加新建实体的拉伸特征，创建盖板，如图7-15所示。

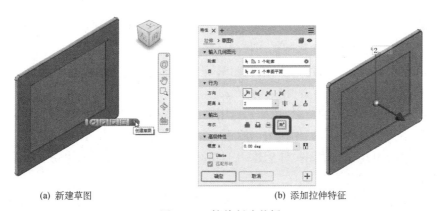

(a) 新建草图　　　　　　　　(b) 添加拉伸特征

图 7-15　拉伸创建盖板

（8）在前主体前表面屏幕凹槽底部新建草图,使用投影得到的轮廓添加新建实体的拉伸特征,创建屏幕,如图 7-16 所示。

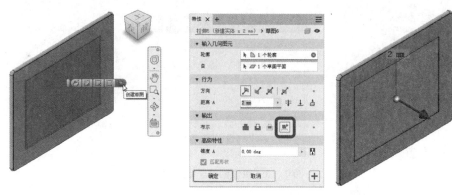

(a) 新建草图　　　　　　　　　(b) 添加拉伸特征

图 7-16　拉伸创建屏幕

（9）在前主体后表面凹槽底部新建草图,使用投影得到的轮廓添加新建实体的拉伸特征,创建后主体,如图 7-17 所示。

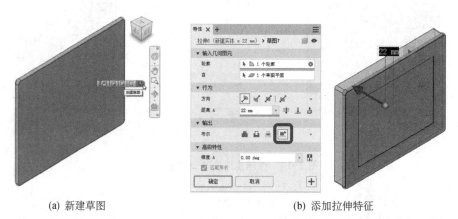

(a) 新建草图　　　　　　　　　(b) 添加拉伸特征

图 7-17　拉伸创建后主体

（10）在原始坐标系的 YZ 平面新建草图,绘制用于扫掠求差创建后主体边框的草图轮廓,并添加扫掠特征,完成后主体圆弧边框的创建,如图 7-18 所示。

（11）在后主体后表面新建草图,绘制凹槽及悬挂结构轮廓,如图 7-19 所示。

（12）拉伸创建后主体底部凹槽,如图 7-20 所示。

（13）共享步骤(11)中的草图,拉伸创建用于放置支架的凹槽,如图 7-21 所示。

（14）使用共享的草图拉伸创建用于放置电源键的凹槽,如图 7-22 所示。

（15）再次使用共享的草图拉伸创建用于放置悬挂结构的凹槽,创建完成后关闭共享草图的可见性,如图 7-23 所示。

（16）在步骤(15)创建的悬挂结构后表面创建草图,拉伸完成悬挂结构的造型,如图 7-24 所示。

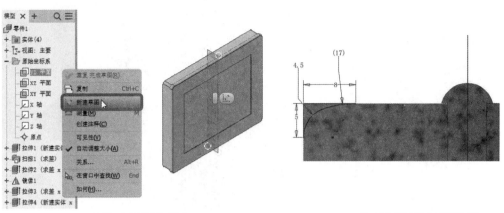

(a) 选择YZ平面新建草图　　　　　　　(b) 绘制圆弧边框截面轮廓

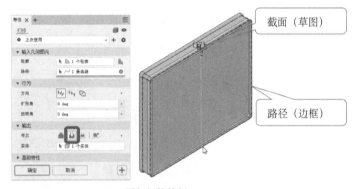

(c) 添加扫掠特征

图 7-18　扫掠创建后主体圆弧边框

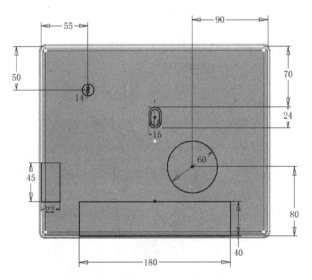

图 7-19　绘制后主体各轮廓草图

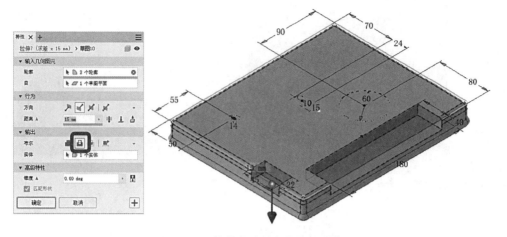

图 7-20　拉伸创建后主体底部凹槽

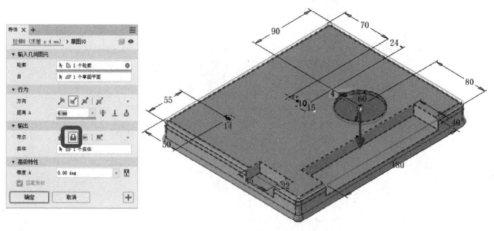

图 7-21　拉伸创建后主体支架凹槽

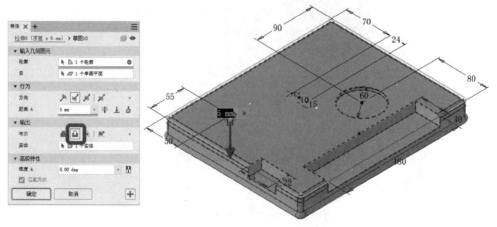

图 7-22　拉伸创建后主体电源键凹槽

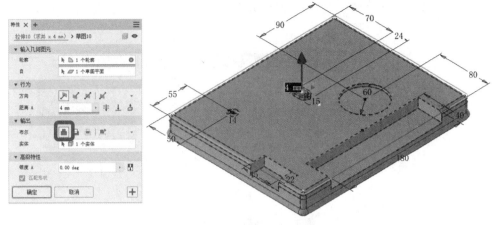

图 7-23　拉伸创建后主体悬挂结构

(a) 新建草图

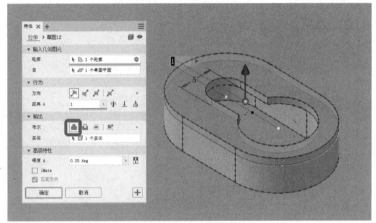

(b) 添加拉伸特征

图 7-24　再次拉伸完成后主体悬挂结构

（17）在后主体电源键凹槽底部创建草图，使用投影得到的凹槽底部轮廓，通过新建实体的拉伸创建电源键，如图 7-25 所示。

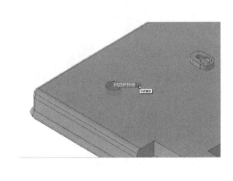

(a) 新建草图

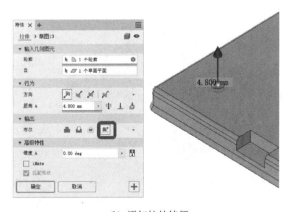

(b) 添加拉伸特征

图 7-25　拉伸创建电源键

（18）在电源键后表面创建草图，绘制电源键凸雕轮廓并创建凸雕，如图 7-26 所示。

(a) 新建草图   (b) 添加拉伸特征

图 7-26　凸雕创建电源键

（19）在后主体支架凹槽底部创建草图，使用投影得到的凹槽底部轮廓，通过新建实体的拉伸创建支架，如图 7-27 所示。

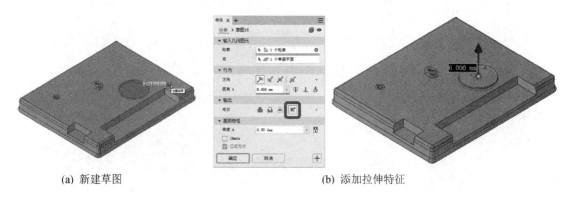

(a) 新建草图   (b) 添加拉伸特征

图 7-27　拉伸创建支架底盘

（20）创建工作轴及工作面，以放置支架放样的轨道，如图 7-28 所示。

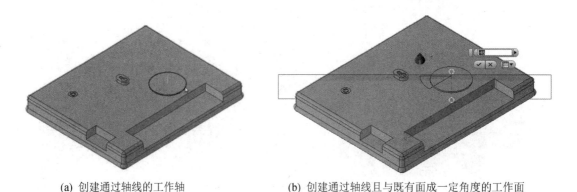

(a) 创建通过轴线的工作轴   (b) 创建通过轴线且与既有面成一定角度的工作面

图 7-28　创建工作面

（21）在步骤（20）所创建的工作面上绘制草图，如图 7-29 所示。

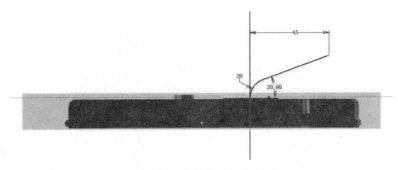

图 7-29　绘制放样轨道草图

（22）在支架表面新建草图，绘制支架起始位置的截面轮廓（直径为 18 mm 的圆），如图 7-30 所示。

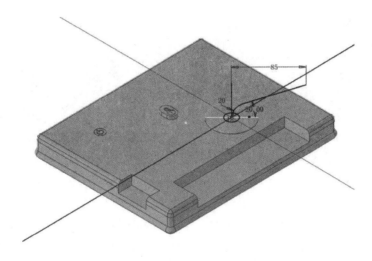

图 7-30　绘制起始截面轮廓草图

（23）创建通过放样轨道端点且与垂直于放样轨道的工作平面，并在该平面绘制支架终止位置的截面轮廓（直径为 10 mm 的圆），如图 7-31 所示。

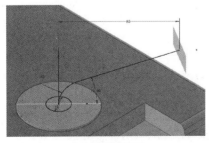
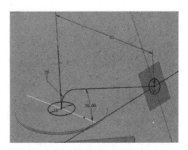

(a) 创建工作面　　　　　　　　(b) 新建草图轮廓

图 7-31　绘制放样终止轮廓

（24）添加放样特征，如图 7-32 所示。

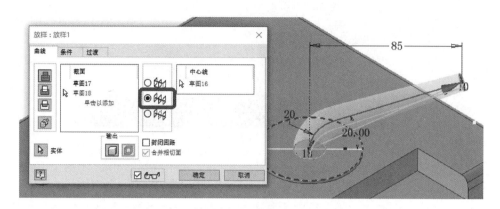

图 7-32　放样创建支架主体

（25）添加圆角半径为 5 mm 的圆角特征，完善支架造型，如图 7-33 所示。

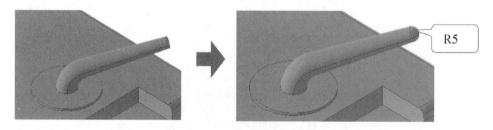

图 7-33　添加支架端部圆角

（26）添加零件主体的其他特征，具体方法参见本书配套文件（可扫描书后二维码获取）。

（27）按照图 7-2 所示更改各实体名称，如图 7-34 所示。

图 7-34　重命名各实体

（28）调整各实体颜色样式，如图 7-35 所示。

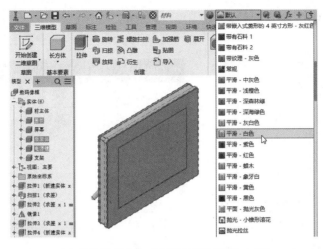

（a）将盖板、后主体、电源键设置为"平滑-白色"

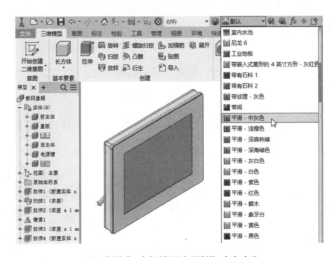

（b）将屏幕、支架设置为"平滑-中灰色"

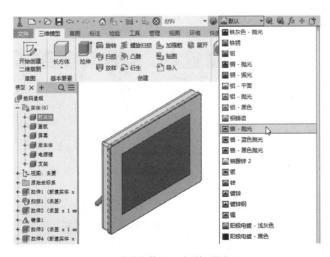

（c）将前主体设置为"铬-抛光"

图 7-35　调整实体颜色样式

(29) 调整部分特征的颜色样式,如图 7-36 所示。

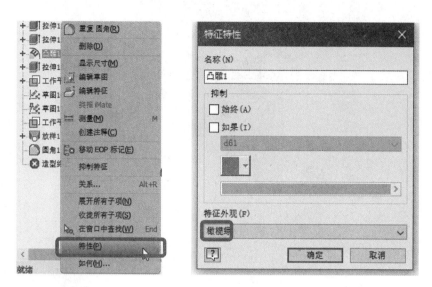

图 7-36　调整电源键凹槽颜色

(30) 使用生成零部件工具生成并保存所有零部件文件,如图 7-37 所示。

(a) 选择"生成零部件"按钮

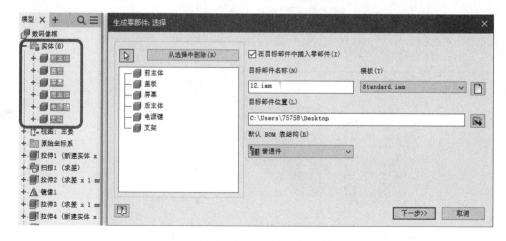

(b) 选择所有实体并指定部件名称及保存路径

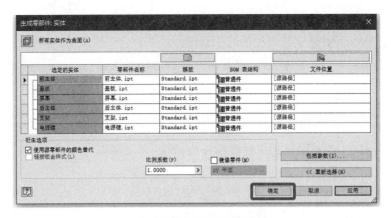

（c）各零件的名称及保存路径设置

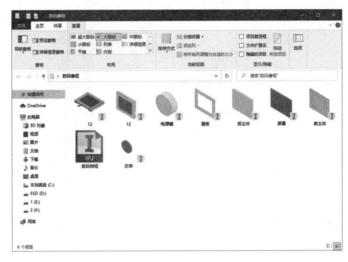

（d）生成零部件文件完成

图 7-37　生成零部件

（31）打开部件文件"数码相框.iam"并双击激活零件"屏幕"，在屏幕表面创建贴图特征，如图 7-38 所示。

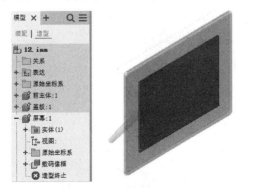

（a）部件环境中激活零件屏幕

（b）创建屏幕表面的贴图特征

图 7-38　添加屏幕贴图

（32）保存文件，完成数码相框模型建立。

模型建立完成，下面创建数码相框的工程图。

（33）参考图7-1—图7-8，创建数码相框的表达视图文件，并完成数码相框六视图、爆炸图及零件图的创建。

最后，输出数码相框的效果图。

（34）调整视图显示方式为"透视模式"，如图7-39所示。

（35）在图形区中调整数码相框模型的视角，如图7-40所示。

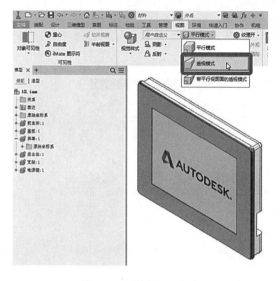

图7-39　更改显示方式　　　　　　　　　　图7-40　调整视角

（36）进入Inventor Studio，设置并保存光源样式，如图7-41所示。

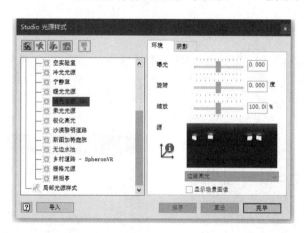

图7-41　设置光源

（37）使用设置完成的光源样式渲染图像，如图7-42所示，完成渲染的图像如图7-43所示。

图 7-42　设置场景　　　　　　　图 7-43　完成渲染

至此,数码相框模型建立与设计表达完成。

7.2　窗式换气扇模型建立与设计表达

窗式换气扇的六视图、爆炸图及零件图如图 7-44—图 7-51 所示。

窗式换气扇模型的各零件之间存在着明显的关联关系,故可使用多实体建模的方式建窗式换气扇的模型。

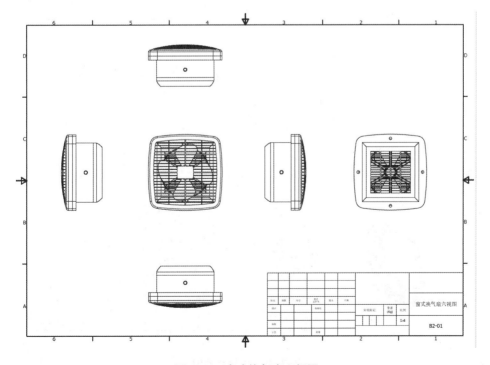

图 7-44　窗式换气扇六视图

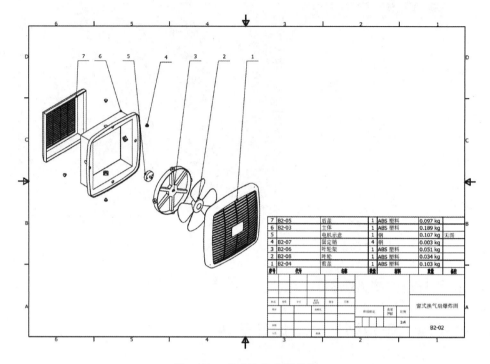

7	B2-05	后盖	1	ABS 塑料	0.097 kg	
6	B2-03	主体	1	ABS 塑料	0.189 kg	
5		电机示意	1	钢	0.107 kg	无图
4	B2-07	固定销	4	钢	0.003 kg	
3	B2-06	叶轮架	1	ABS 塑料	0.051 kg	
2	B2-08	叶轮	1	ABS 塑料	0.034 kg	
1	B2-04	前盖	1	ABS 塑料	0.103 kg	
序号	代号	名称	数量	材料	重量	备注

窗式换气扇爆炸图

B2-02

比例 1:4

图 7-45　窗式换气扇爆炸图

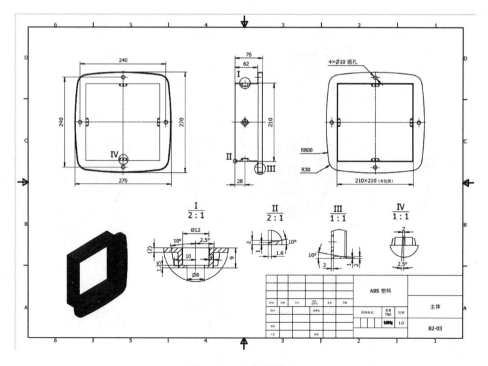

ABS 塑料

主体

B2-03

比例 1:2

图 7-46　主体零件图

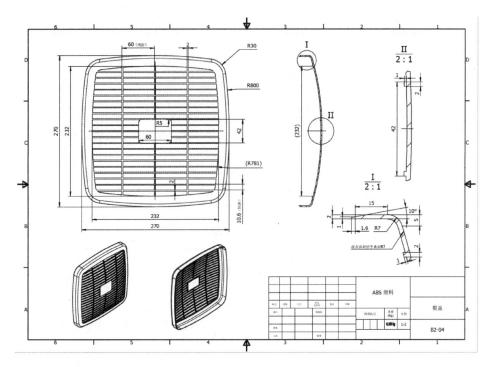

图 7-47　前盖零件图

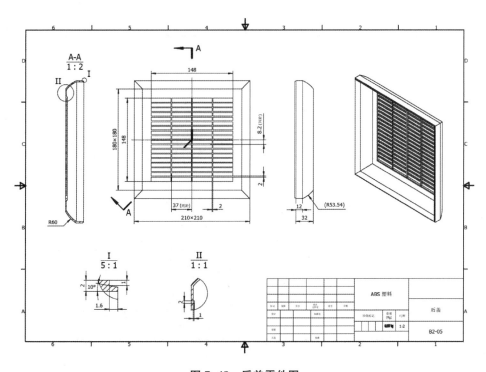

图 7-48　后盖零件图

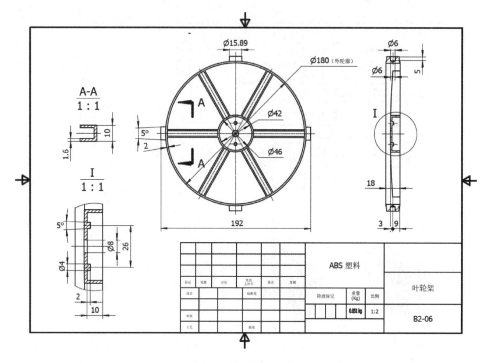

图 7-49 叶轮架零件图

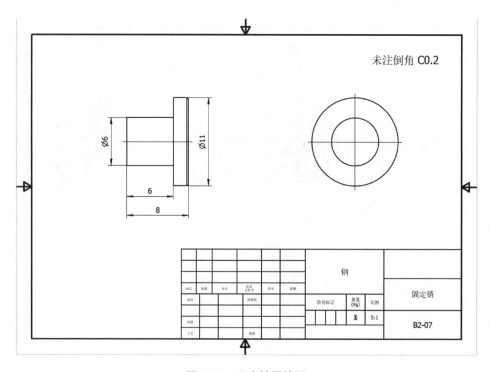

图 7-50 固定销零件图

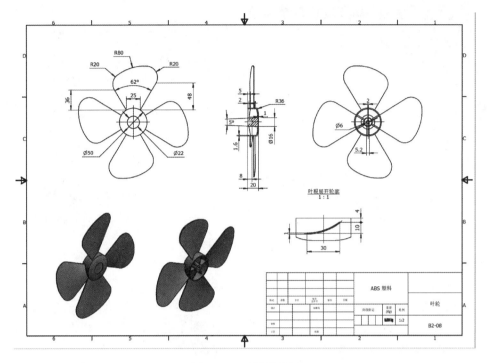

图 7-51　叶轮零件图

【操作步骤】

首先,创建项目文件。

(1) 启动软件,在 Inventor 没有打开任何文件的状态下新建项目文件,如图 7-52 所示。

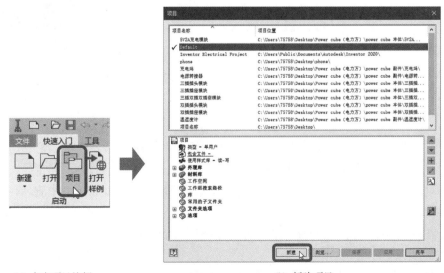

(a) 点击项目按钮　　　　　　　　　　　　　　(b) 新建项目

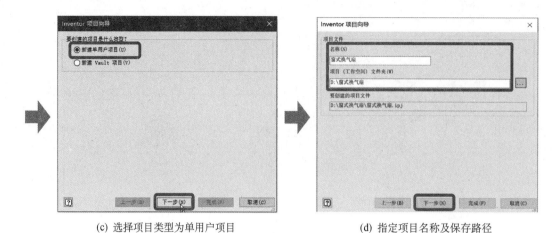

(c) 选择项目类型为单用户项目　　　　(d) 指定项目名称及保存路径

图 7-52　创建项目文件

接下来,使用多实体建模的方式创建窗式换气扇的模型。

(2) 选择标准零件模板(Standard.ipt)新建零件文件,按照图 7-46 所示,在默认的 XY 平面创建用于生成窗式换气扇主体的草图,并为该草图添加拉伸特征,如图 7-53 所示。使用部件名称"窗式换气扇"作为当前零件文件的文件名保存文件。

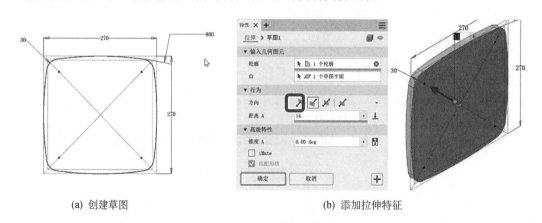

(a) 创建草图　　　　　　　　　(b) 添加拉伸特征

图 7-53　拉伸生成主体

(3) 在拉伸主体的后表面新建草图,绘制用于拉伸主体后半部分的草图轮廓,并添加拉伸特征,完成主体结构的创建,如图 7-54 所示。

(4) 对完成的主体拉伸特征创建抽壳特征命令,壁厚为 2 mm,选择主体前、后表面为开口面,如图 7-55 所示。

(5) 在抽壳后的前表面新建草图,创建孔特征,孔直径为 10 mm,选择贯通方式,如图 7-56 所示。

(6) 对创建完成的孔特征,进行环形阵列,数量为 4 个,如图 7-57 所示。

(7) 创建平行且距离主体侧表面 9 mm 的平面,点击凸柱命令,创建凸柱特征,如图 7-58 所示。

(a) 选择主体后表面创建草图　　　　　　(b) 添加拉伸特征

图 7-54　扫掠创建主体圆弧边框

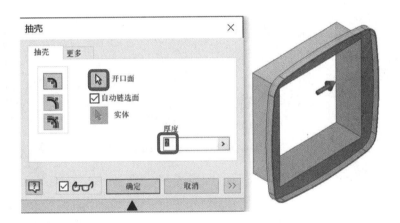

图 7-55　添加主体抽壳特征

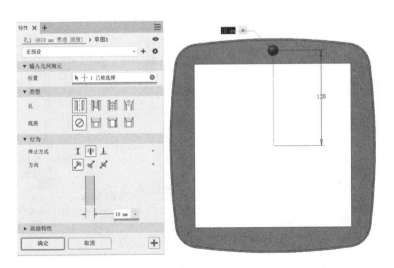

图 7-56　孔特征添加连接孔

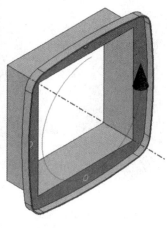

图 7-57　环形阵列连接孔

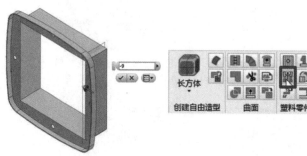

| (a) 新建平面 | (b) 选择凸柱命令 | (c) 创建凸柱草图 |

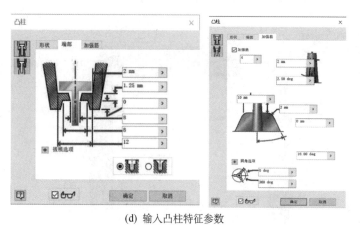

(d) 输入凸柱特征参数　　　　　　　　(e) 完成凸柱特征创建

图 7-58　添加凸柱

（8）将创建完成的凸柱特征作环形阵列，数量为 4 个，如图 7-59 所示。

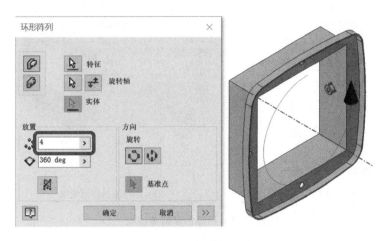

图 7-59 环形阵列凸柱

（9）选择止口命令，对主体前、后表面边界创建止口特征，选择"槽"方式，如图 7-60 所示。

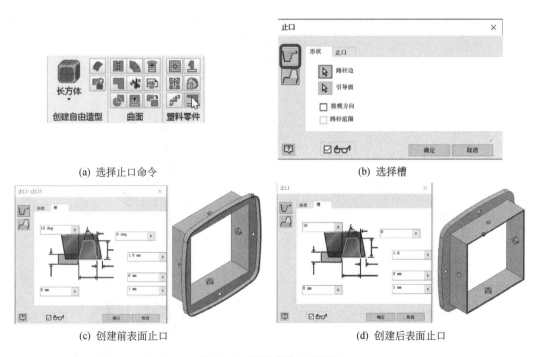

(a) 选择止口命令　　　　　　　　　　　　　　(b) 选择槽

(c) 创建前表面止口　　　　　　　　　　　　　(d) 创建后表面止口

图 7-60 添加主体止口特征

（10）在原始坐标系的 YZ 平面新建草图，绘制用于扫掠创建前盖边框的草图轮廓，并添加扫掠特征，完成后前盖边框的创建，如图 7-61 所示。

（11）使用"边界嵌片"命令，封闭前盖前、后表面，前表面条件选择为"相切"，如图 7-62 所示。

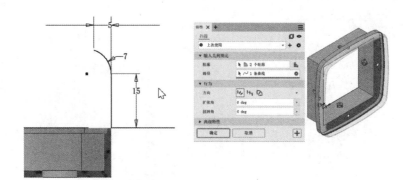

(a) 选择YZ平面创建草图　　　　　　(b) 扫掠前盖边框轮廓

图 7-61　扫掠创建前盖边框

（a）选择"边界嵌片"命令

（b）创建前表面封闭曲面,条件为"相切"

（c）创建后表面封闭曲面

图 7-62　嵌片生成前盖表面

（12）缝合曲面特征，创建前盖实体，如图 7-63 所示。

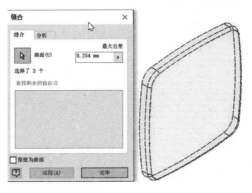

图 7-63　缝合曲面创建前盖实体

（13）对前盖实体创建抽壳特征，壳厚度为 2 mm，如图 7-64 所示。

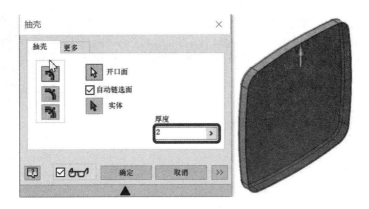

图 7-64　添加前盖抽壳特征

（14）对前盖实体创建止口特征，止口参数与步骤（9）相同，选择"止口"方式，如图 7-65 所示。

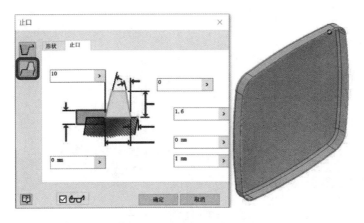

图 7-65　添加前盖止口特征

（15）偏移 XY 平面，创建一个新的平面，在平面上创建栅格孔草图，对前盖实体创建栅格孔特征，如图 7-66 所示。

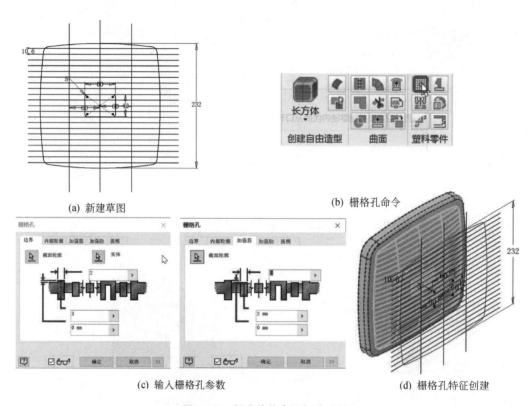

(a) 新建草图　　　　　　　　　　(b) 栅格孔命令

(c) 输入栅格孔参数　　　　　　　(d) 栅格孔特征创建

图 7-66　创建前盖表面栅格孔特征

（16）在主体后表面新建草图，投影主体轮廓，拉伸完成后盖实体创建，如图 7-67 所示。

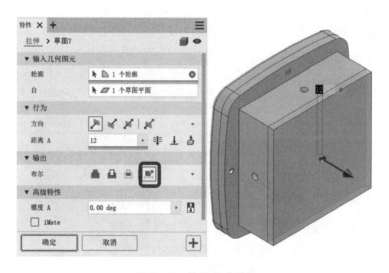

图 7-67　拉伸生成后盖

（17）创建平行于后盖表面，且距离为 20 mm 的平面，在平面上创建放样草图轮廓，如图 7-68 所示。

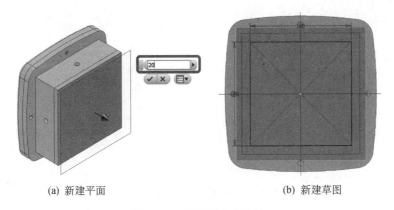

(a) 新建平面　　　　　　　(b) 新建草图

图 7-68　拉伸创建电源键

（18）创建草图对角平面，在平面上创建放样轨道草图，如图 7-69 所示。

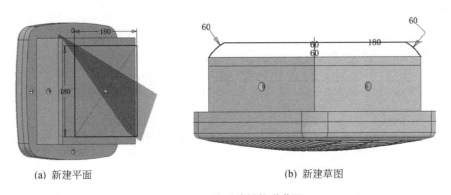

(a) 新建平面　　　　　　　(b) 新建草图

图 7-69　绘制放样轨道草图

（19）创建后盖放样特征，如图 7-70 所示。

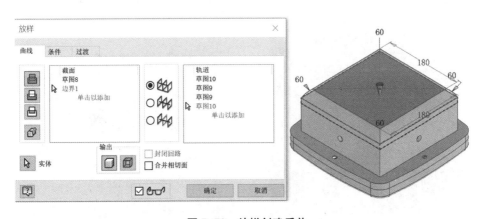

图 7-70　放样创建后盖

（20）对创建完成的后盖实体，创建抽壳特征，壁厚为 2 mm，如图 7-71 所示。

图 7-71　添加后盖抽壳特征

（21）后盖前表面创建止口特征，止口参数与步骤（9）相同，选择"止口"方式，如图 7-72 所示。

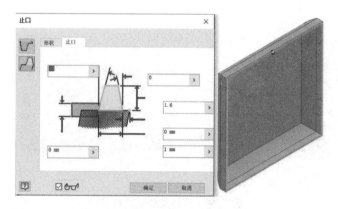

图 7-72　添加后盖止口特征

（22）在后盖表面新建草图，创建后盖栅格孔特征，如图 7-73 所示。

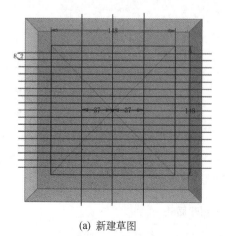

(a) 新建草图

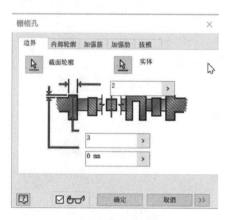

(b) 栅格孔参数

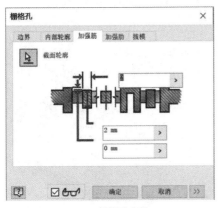 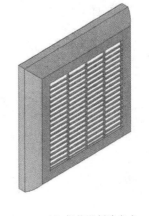

(c) 栅格孔参数　　　　　　　　(d) 栅格孔创建完成

图 7-73　创建后盖表面栅格孔特征

（23）创建凸柱孔轴线的工作轴，以此工作轴创建新的工作平面，新建叶轮架旋转草图，如图 7-74 所示。

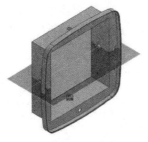 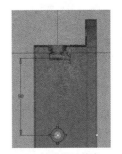

(a) 创建工作轴　　　　　　　　(b) 新建草图轮廓

图 7-74　绘制叶轮草图轮廓

（24）使用旋转命令，创建叶轮架外圈实体，如图 7-75 所示。

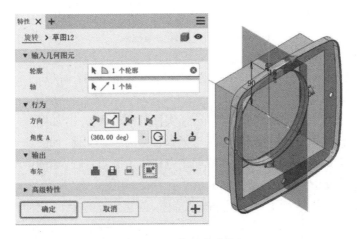

图 7-75　旋转创建叶轮架

（25）在新建的平面里创建草图，旋转命令创建回转曲面，如图 7-76 所示。

(a) 新建草图　　　　　　　　　　　　　　(b) 创建回转曲面

图 7-76　旋转创建回转曲面

（26）在叶轮架后表面上新建草图，拉伸新建实体到步骤（25）创建的曲面上，如图 7-77 所示。

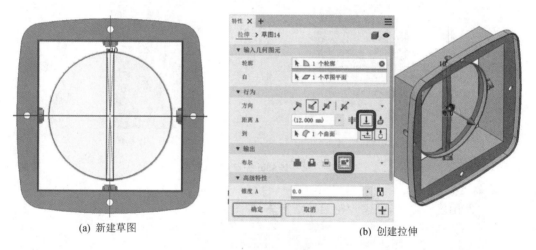

(a) 新建草图　　　　　　　　　　　　　　(b) 创建拉伸

图 7-77　拉伸创建辐条

（27）将叶轮架辐条作抽壳特征，壁厚为 1.6 mm，选择辐条三个表面为开口面，如图 7-78 所示。

（28）对辐条实体创建环形阵列特征，选择实体阵列求并方式，如图 7-79 所示。

（29）选择"合并"命令，将叶轮架外圈与辐条合并为一个实体，如图 7-80 所示。

（30）在叶轮架后表面新建草图，拉伸创建电机放置圆盘特征，如图 7-81 所示。

（31）使用孔命令，创建叶轮架中间的沉头孔特征，如图 7-82 所示。

（32）在距离沉头孔表面 2 mm 处，新建草图，创建固定电机的拉伸特征，锥度设置为 2.5°，如图 7-83 所示。

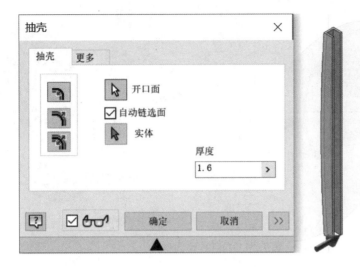

图 7-78　添加幅条抽壳特征

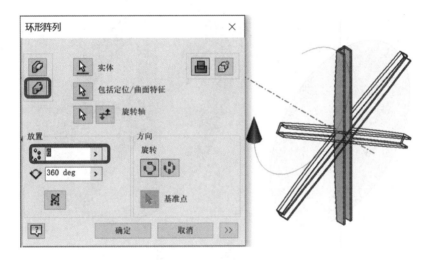

图 7-79　环形阵列幅条

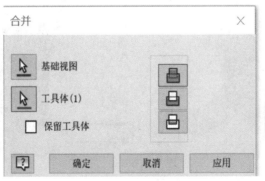

图 7-80　合并叶轮架实体

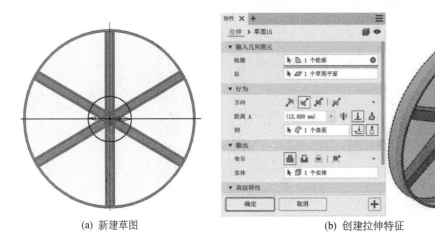

(a) 新建草图　　　　　　　　　　　(b) 创建拉伸特征

图 7-81　拉伸创建圆盘

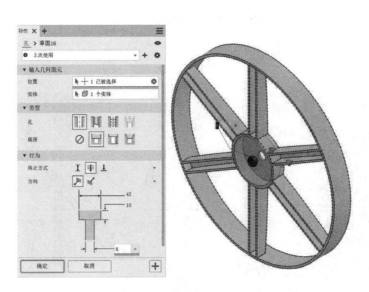

图 7-82　添加圆盘沉头孔

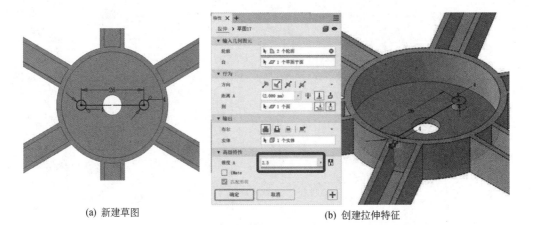

(a) 新建草图　　　　　　　　　　　(b) 创建拉伸特征

图 7-83　拉伸创建圆盘内两凸柱

（33）共享步骤(7)的草图，创建叶轮架凸柱特征，选择为"螺纹"方式，如图7-84所示。

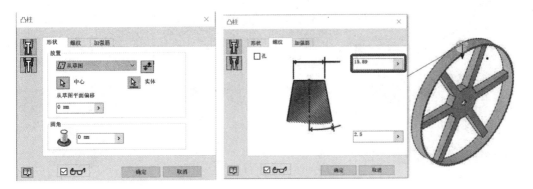

图7-84　添加叶轮架顶部凸柱

（34）用孔命令，创建凸柱同心孔，孔深为5 mm，如图7-85所示。

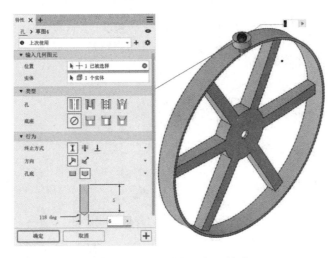

图7-85　添加叶轮顶部凸柱孔

（35）将创建完成的凸柱和孔，创建环形阵列特征，如图7-86所示。

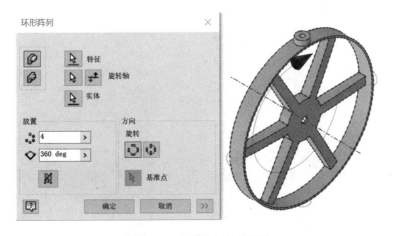

图7-86　环形陈列凸柱及孔

（36）在 YZ 平面上新建草图，旋转创建固定销实体，如图 7-87 所示。

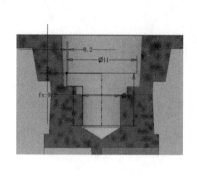

(a) 新建草图

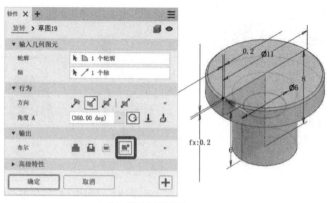

(b) 旋转创建实体

图 7-87　旋转创建固定销

（37）选择标准零件模板（Standard.ipt）新建零件文件，按照图 7-51 所示，在默认的 XY 平面创建用于生成叶轮主体的草图，并为该草图添加旋转特征，如图 7-88 所示。使用零件名称"叶轮"作为当前零件文件的文件名保存文件。

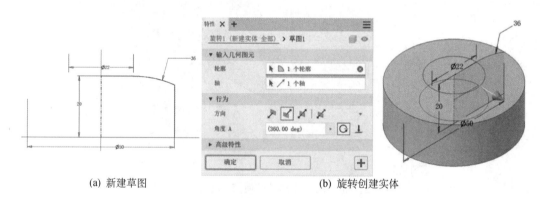

(a) 新建草图　　　　　　　　　　　　　　(b) 旋转创建实体

图 7-88　旋转创建叶轮主体

（38）使用孔命令创建叶轮主体上的孔特征，如图 7-89 所示。

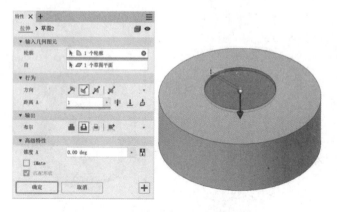

图 7-89　拉伸创建叶轮主体孔

（39）对叶轮主体创建抽壳特征，将底面选择为开口面，壳厚为 1.6 mm，如图 7-90 所示。

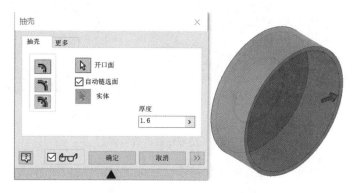

图 7-90 添加叶轮主体抽壳特征

（40）在叶轮后表面创建草图，创建拉伸特征，锥度为 2.5°，如图 7-91 所示。

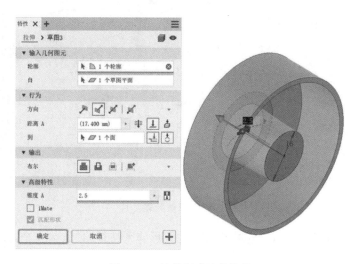

图 7-91 拉伸创建连接结构

（41）创建与叶轮侧表面相切的平面，在平面上新建草图创建凸雕特征，选择折叠到表面的方式，如图 7-92 所示。

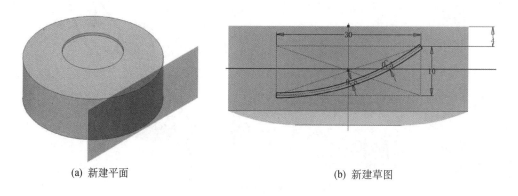

(a) 新建平面   (b) 新建草图

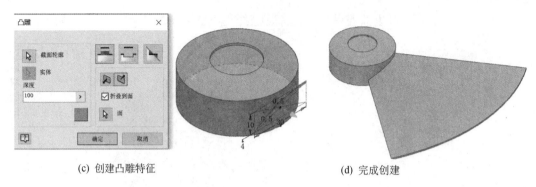

(c) 创建凸雕特征   (d) 完成创建

图 7-92   凸雕创建叶轮叶片

（42）在叶轮后表面新建草图,创建拉伸求交特征,创建叶轮叶片样式,如图 7-93 所示。

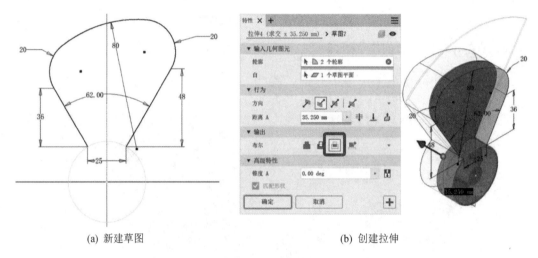

(a) 新建草图   (b) 创建拉伸

图 7-93   修剪叶轮叶片

（43）选用环形阵列命令,创建叶轮实体的环形阵列特征,数量为 4 个,如图 7-94 所示。

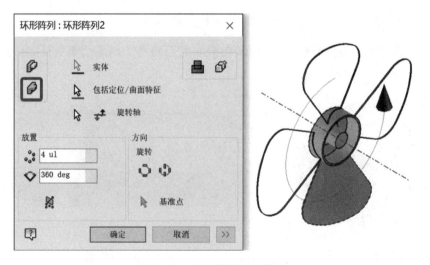

图 7-94   环形阵列叶轮叶片

（44）在 YZ 平面上新建草图，创建加强筋特征，如图 7-95 所示。

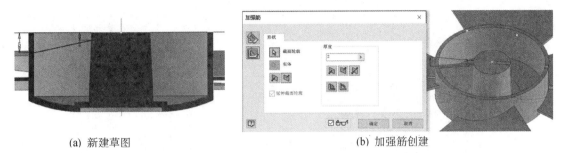

(a) 新建草图   (b) 加强筋创建

图 7-95　添加加强筋

（45）将创建完成的加强筋作环形阵列，数量为 6 个，如图 7-96 所示。

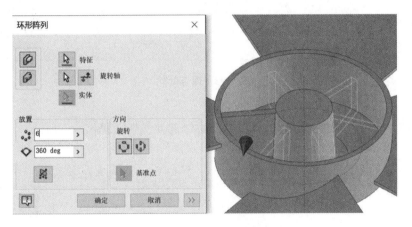

图 7-96　环形阵列加强筋

（46）在叶轮主体后表面新建草图，拉伸创建电机轴安装孔，如图 7-97 所示。

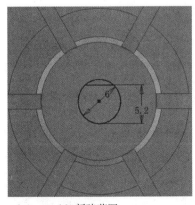
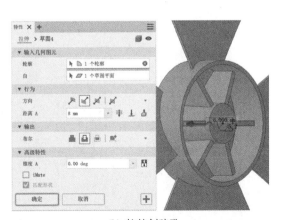

(a) 新建草图   (b) 拉伸创建孔

图 7-97　添加电机轴安装孔

（47）保存叶轮零件，命名为"叶轮"，如图 7-98 所示。

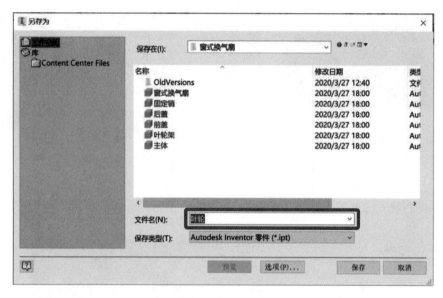

图 7-98　保存叶轮

（48）使用生成零部件工具生成并保存所有零部件文件，如图 7-99 所示。

（a）选择生成零部件按钮

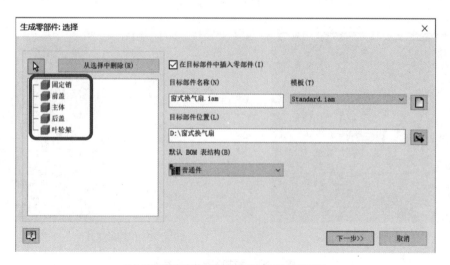

（b）选择所有实体并指定部件名称及保存路径

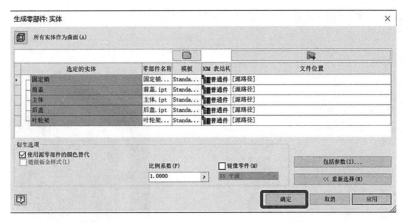

（c）各零件的名称及保存路径设置

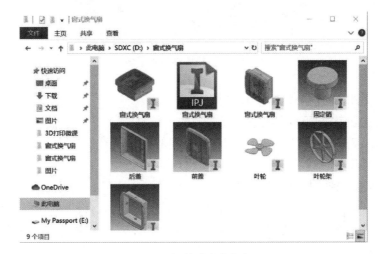

（d）生成零部件文件完成

图 7-99　生成零部件

（49）打开部件文件"窗式换气扇.iam"，拖入叶轮零件，使用连接命令安装叶轮，如图 7-100 所示。

图 7-100　装入叶轮

（50）将固定销零件作环形阵列，如图 7-101 所示。

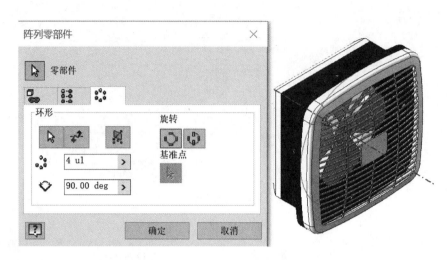

图 7-101　环形阵列固定销

（51）保存文件，完成窗式换气扇模型建立。

（52）模型建立完成，下面创建窗式换气扇的工程图。

（53）参考图 7-44—图 7-51，创建窗式换气扇的表达视图文件，并完成窗式换气扇六视图、爆炸图及零件图的创建。

（54）最后，输出窗式换气扇的效果图。

（55）进入 Inventor Studio，调整视图显示方式为透视模式，设置并保存光源样式。

（56）使用设置完成的光源样式渲染图像，如图 7-102 所示；完成渲染的图像，如图 7-103 所示。

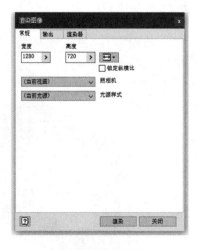

图 7-102　设置场景　　　　**图 7-103　完成渲染**

至此，窗式换气扇模型建立与设计表达完成。

7.3 订书机模型建立与设计表达

订书机的六视图、爆炸图及零件图如图 7-104—图 7-115 所示。

订书机模型的各零件之间存在着明显的关联关系,故可使用多实体建模的方式建订书机的模型。

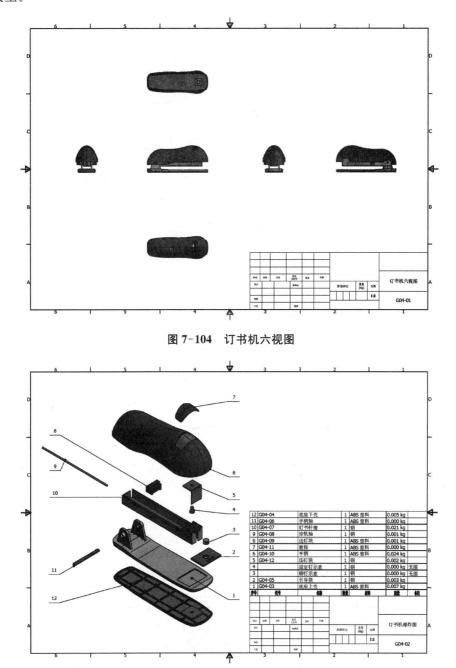

图 7-104 订书机六视图

图 7-105 订书机爆炸图

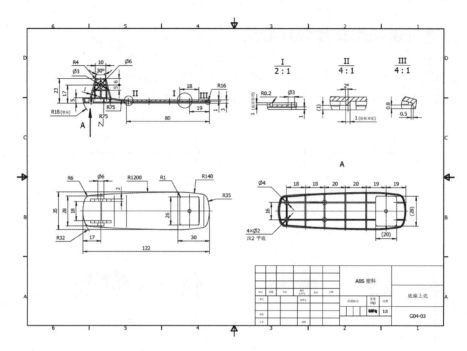

图 7-106 底座上壳零件图

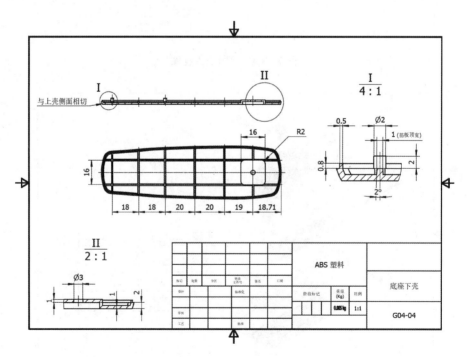

图 7-107 底座下壳零件图

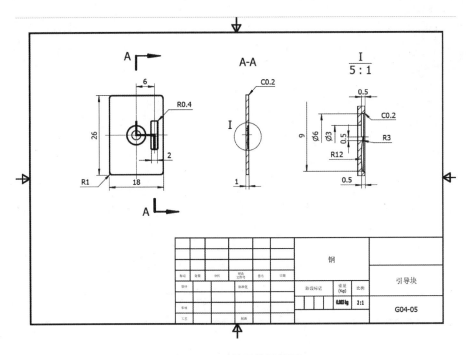

图 7-108　引导块零件图

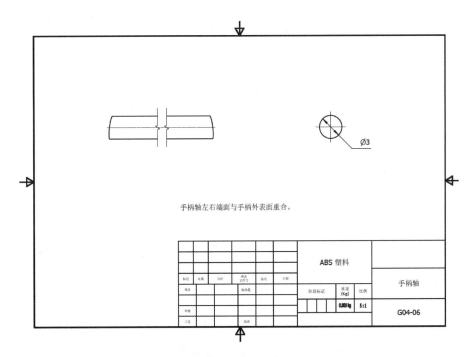

图 7-109　手柄轴零件图

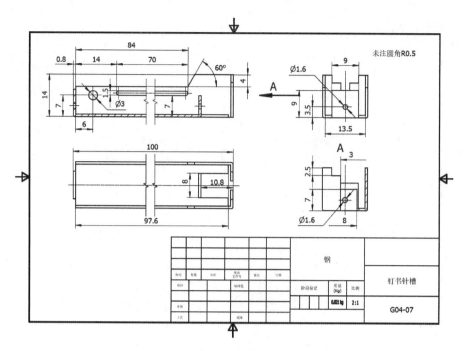

图 7-110　钉书针槽零件图

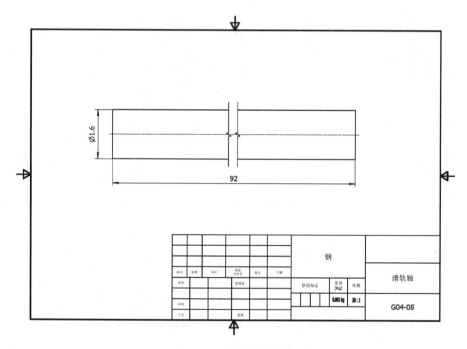

图 7-111　滑轨轴零件图

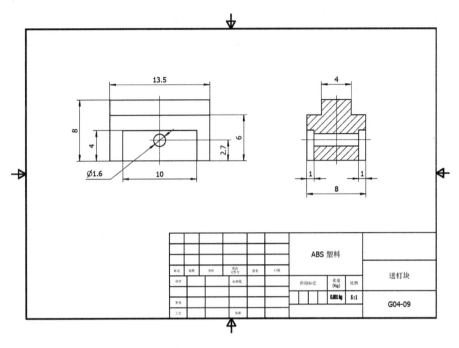

图 7-112　送钉块零件图

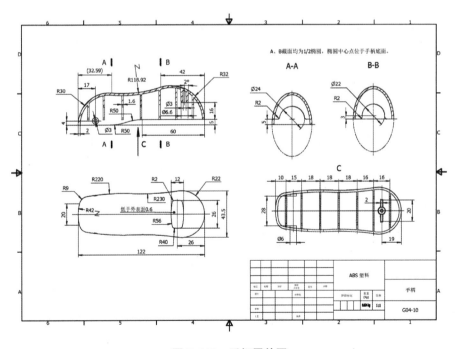

图 7-113　手柄零件图

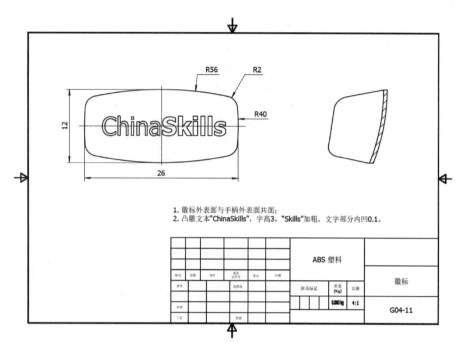

1. 徽标外表面与手柄外表面共面；
2. 凸雕文本"ChinaSkills"，字高3，"Skills"加粗，文字部分内凹0.1。

					ABS 塑料		徽标
标记	处数	分区	更改文件号	签名	日期		
设计			标准化			阶段标记	重量(Kg)	比例
审核							0.000 kg	4:1
工艺			批准					G04-11

图 7-114　徽标零件图

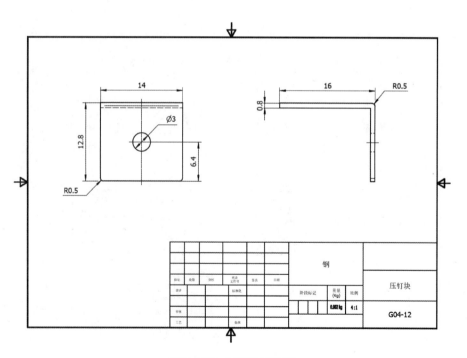

					钢		压钉块
标记	处数	分区	更改文件号	签名	日期		
设计			标准化			阶段标记	重量(Kg)	比例
审核							0.002 kg	4:1
工艺			批准					G04-12

图 7-115　压钉块零件图

【操作步骤】

首先,创建项目文件。

(1) 启动软件,在 Inventor 没有打开任何文件的状态下新建项目文件,如图 7-116 所示。

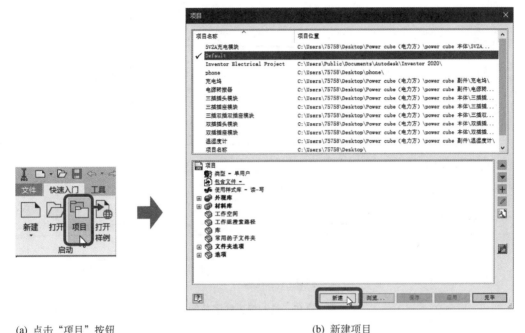

(a) 点击"项目"按钮   (b) 新建项目

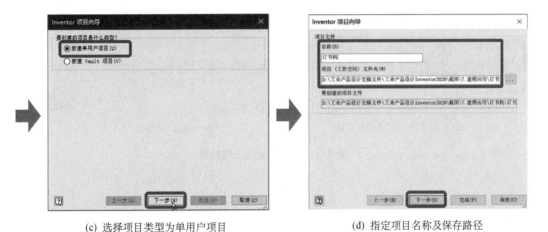

(c) 选择项目类型为单用户项目   (d) 指定项目名称及保存路径

图 7-116 创建项目文件

接下来,使用多实体建模的方式创建订书机的模型。

(2) 选择标准零件模板(Standard.ipt)新建零件文件,按照图 7-106 所示,在默认的 *XZ* 平面创建用于生成订书机主体的轮廓草图,并在 *XY* 平面上创建主体上表面草图,如图 7-117 所示。使用部件名称"订书机"作为当前零件文件的文件名保存文件。

（3）创建三维草图，使用相交曲线命令，将上述草图相交为三维草图，如图 7-118 所示。

（4）在 XY 平面上创建扫掠轮廓草图，如图 7-119 所示。

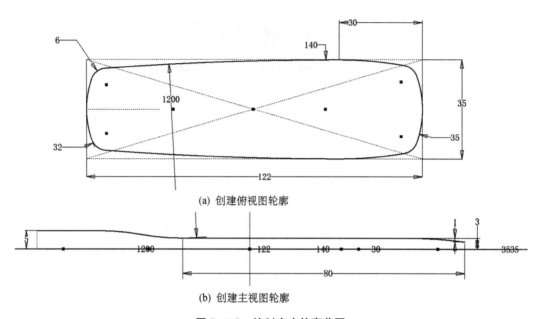

(a) 创建俯视图轮廓

(b) 创建主视图轮廓

图 7-117　绘制底座轮廓草图

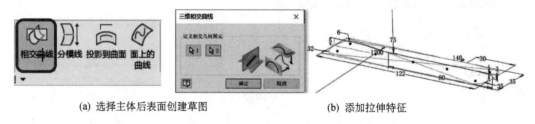

(a) 选择主体后表面创建草图　　　　　(b) 添加拉伸特征

图 7-118　相交生成三维轮廓

图 7-119　绘制扫掠轮廓草图

（5）创建扫掠特征，选择输出方式为曲面，如图 7-120 所示。

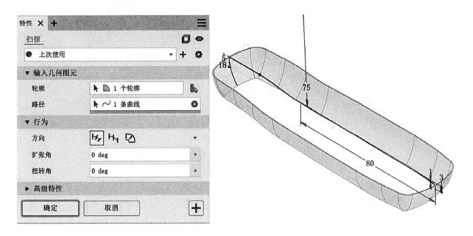

图 7-120　扫掠生成底部侧面

（6）使用曲面"修剪"工具，以原始 *XZ* 平面为修剪工具，修剪多余扫掠曲面，如图 7-121 所示。

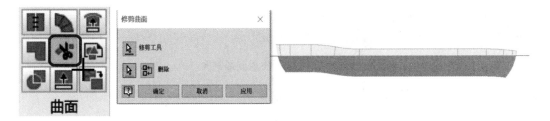

图 7-121　修剪底部侧面曲面

（7）拉伸图 7-117 所示的草图，创建曲面特征，如图 7-122 所示。

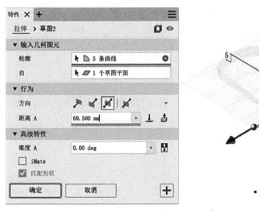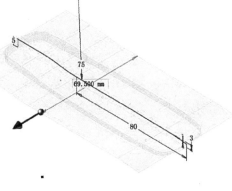

图 7-122　拉伸顶部顶面

（8）使用曲面"修剪"工具，以扫掠曲面为修剪工具，修剪掉多余的拉伸曲面，如图 7-123 所示。

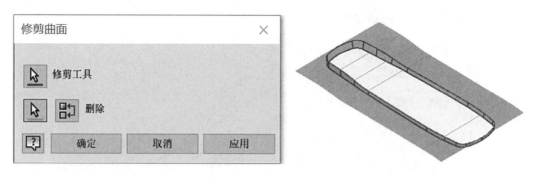

图 7-123 修剪底部顶面

（9）使用"边界嵌片"工具，创建底座下壳侧表面，条件选择为相切，如图 7-124 所示。

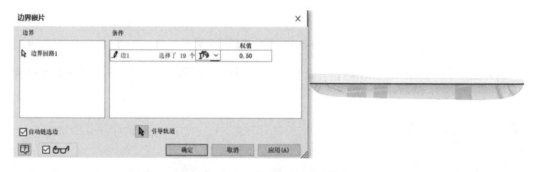

图 7-124 前面生成底部侧面

（10）向下偏移 XZ 平面，距离为 2 mm，创建新的工作平面，如图 7-125 所示。

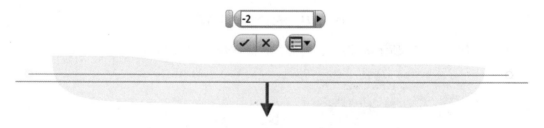

图 7-125 偏移创建工作平面

（11）使用"修剪"命令，以新建的平面为修剪工具，修剪掉多余的边界嵌片曲面，如图 7-126 所示。

图 7-126 修剪嵌片生成的曲面

（12）使用"边界嵌片"工具，封闭修剪后的曲面，如图 7-127 所示。

图 7-127 嵌片创建底面

（13）使用"缝合"工具，将创建的曲面特征缝合为实体，如图 7-128 所示。

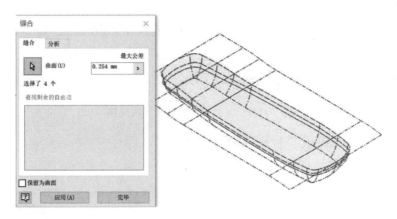

图 7-128 缝合生成底部实体

（14）在底座上壳表面新建草图，创建拉伸特征，如图 7-129 所示。

图 7-129 拉伸创建凹槽

（15）对实体创建抽壳特征，壳厚为 1 mm，如图 7-130 所示。

（16）使用"分割"工具，以 *XZ* 平面为分割工具，将创建的实体分割为两个实体，如图 7-131 所示。

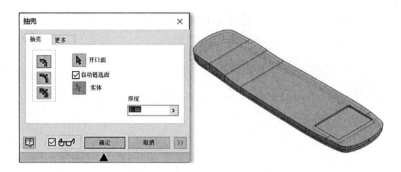

图 7-130　添加底座抽壳特征

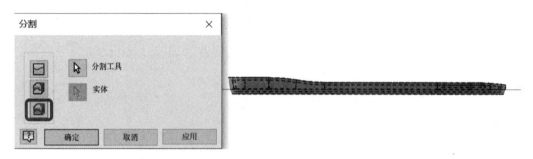

图 7-131　分割实体生成上下两壳体

（17）对底座上壳创建止口特征，如图 7-132 所示。

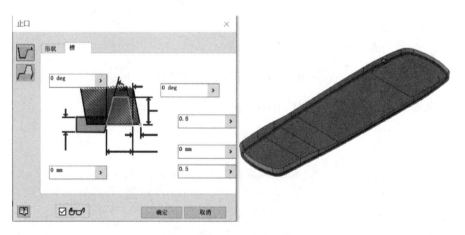

图 7-132　创建底座凸柱

（18）偏移 *XZ* 平面，创建新的工作平面，在平面上创建加强筋草图，对底座上壳创建加强筋特征，如图 7-133 所示。

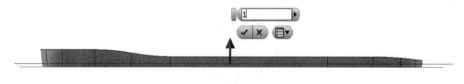

（a）新建平面

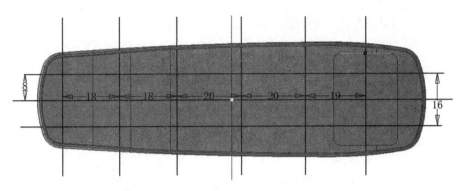

（b）新建草图

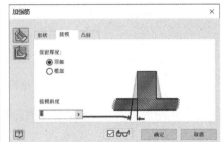

（c）加强筋参数

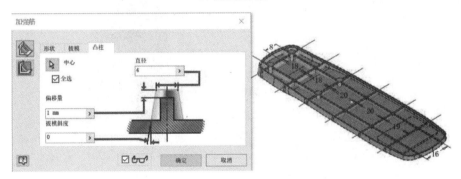

（d）加强筋凸柱参数

图 7-133　创建底座上壳加强筋

（19）偏移 *XY* 平面，新建工作平面，新建草图，创建拉伸实体特征，如图 7-134 所示。

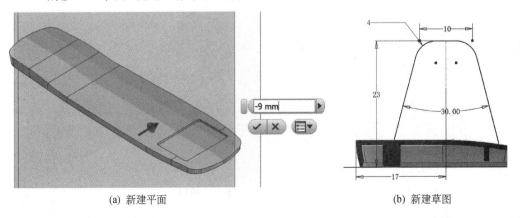

（a）新建平面　　　　　　　　　　　　　（b）新建草图

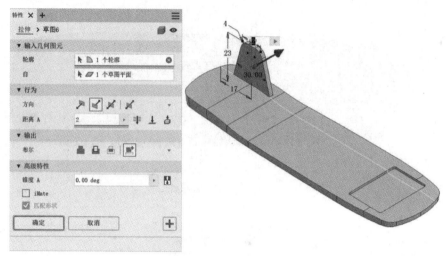

(c) 拉伸创建新实体

图 7-134　拉伸创建底座上壳肋板

(20) 对创建完成的肋板实体,创建抽壳特征,壁厚为 1 mm,如图 7-135 所示。

图 7-135　添加底座上壳肋板抽壳特征

(21) 将肋板实体创建镜像特征,选择实体镜像方式,如图 7-136 所示。

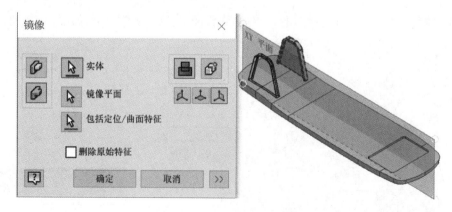

图 7-136　镜像底座上壳肋板

（22）使用"合并"工具，将肋板与底座上壳合并为一个实体，如图 7-137 所示。

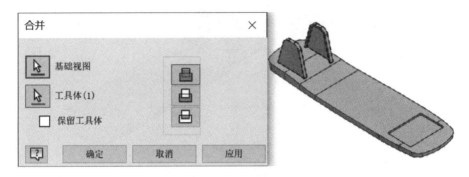

图 7-137　合并底座上壳实体

（23）在肋板表面新建草图，创建加强筋特征，如图 7-138 所示。

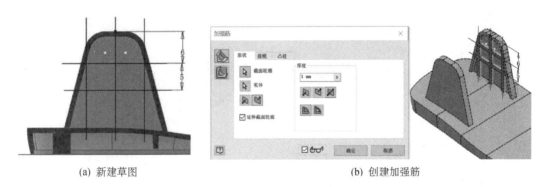

(a) 新建草图　　　　　　　　　　　　　(b) 创建加强筋

图 7-138　创建肋板加强筋

（24）在肋板表面继续新建草图，创建圆柱销和孔的拉伸特征，如图 7-139 所示。

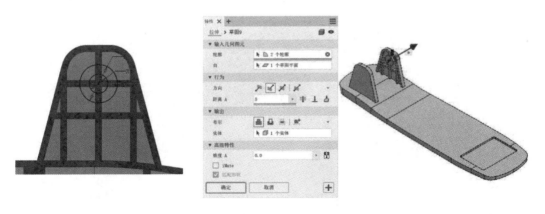

(a) 新建草图　　　　　　　　　　　　　(b) 创建圆柱销拉伸

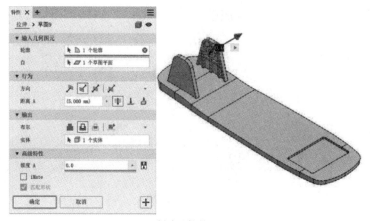

(c) 创建孔拉伸

图 7-139　创建肋板连接结构

（25）将创建的加强筋、圆柱销和孔特征创建镜像特征，如图 7-140 所示。

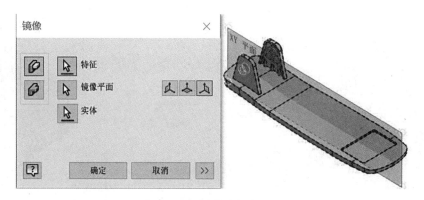

图 7-140　镜像肋板内特征

（26）对底座上壳加强筋上的凸柱创建孔特征，如图 7-141 所示。

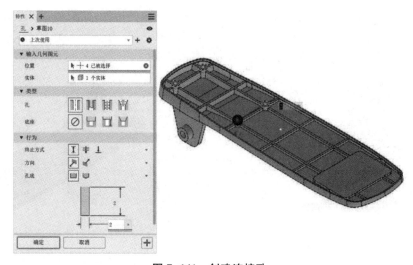

图 7-141　创建连接孔

（27）对底座下壳创建止口特征，如图 7-142 所示。

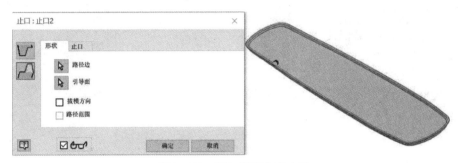

图 7-142　添加底座上壳止口

（28）在底座下壳上表面新建草图，投影步骤（18）的草图，创建加强筋特征，如图 7-143 所示。

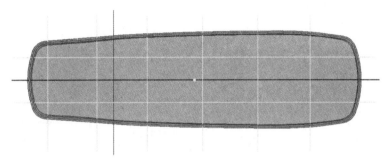

（a）草图投影

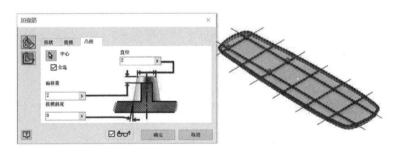

（b）加强筋创建

图 7-143　创建底座下壳加强筋

（29）偏移底座下壳上表面，新建工作平面，在平面上新建草图，创建支撑台特征，如图 7-144 所示。

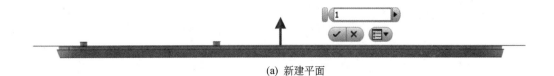

（a）新建平面

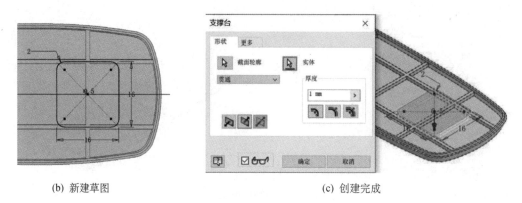

(b) 新建草图   (c) 创建完成

图 7-144　创建底座上壳支撑台

（30）在底座上壳凹槽表面新建草图，投影轮廓，拉伸创建引导块主体，如图 7-145 所示。

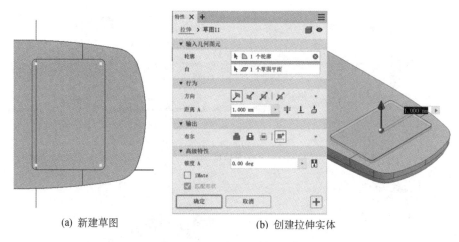

(a) 新建草图   (b) 创建拉伸实体

图 7-145　拉伸创建引导块主体

（31）偏移引导块侧表面平面，新建工作平面，新建草图，拉伸创建槽特征，如图7-146 所示。

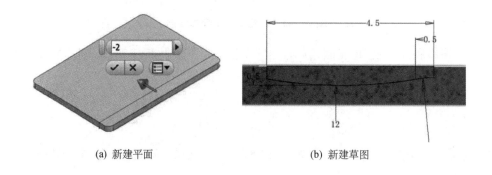

(a) 新建平面   (b) 新建草图

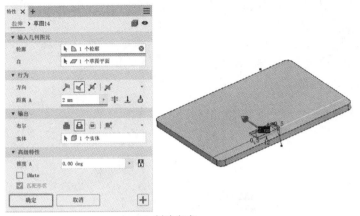

(c) 创建完成

图 7-146 拉伸创建引导块凹槽

（32）将创建完成的拉伸特征创建镜像特征，如图 7-147 所示。

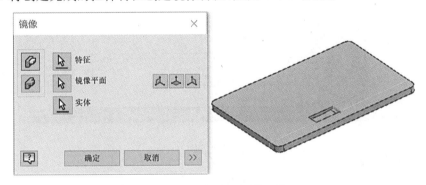

图 7-147 镜像引导块凹槽

（33）用"孔"工具创建沉头孔特征，如图 7-148 所示。

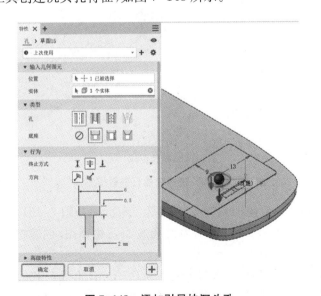

图 7-148 添加引导块沉头孔

（34）使用"倒角"工具创建引导块倒角特征，倒角边长为 0.2 mm，如图 7-149 所示。

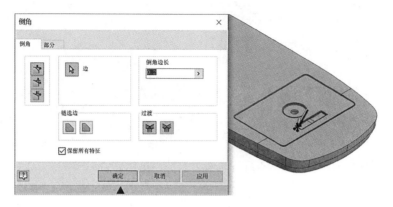

图 7-149　添加引导块倒角

（35）在 XY 平面上新建草图，拉伸创建订书针槽主体，如图 7-150 所示。

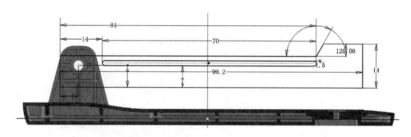

（a）新建草图

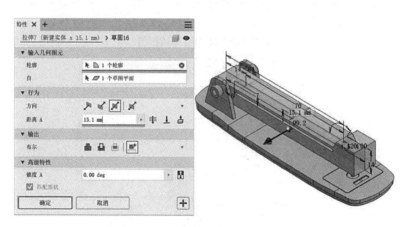

（b）创建拉伸

图 7-150　拉伸创建订书针槽主体

（36）对订书针槽实体创建抽壳特征，壁厚为 0.8 mm，如图 7-151 所示。

（37）分别在订书针槽的后表面、前表面和底面新建草图，创建拉伸特征，如图 7-152 所示。

（38）对订书针槽创建圆角特征，圆角大小为 0.5 mm，如图 7-153 所示。

（39）在 XY 平面上新建草图，拉伸创建送钉块主体，如图 7-154 所示。

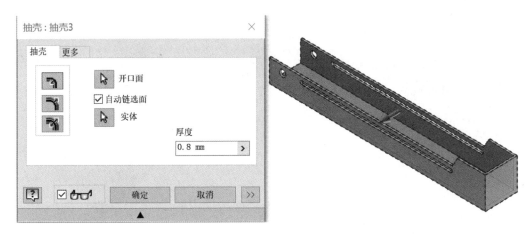

图 7-151　添加订书针槽抽壳特征

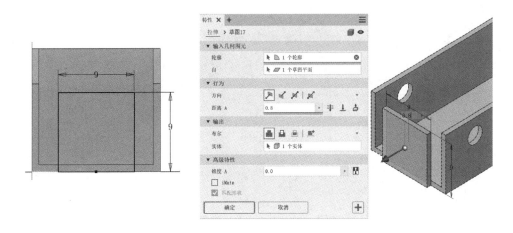

(a) 新建草图—后表面

(b) 创建拉伸—后表面

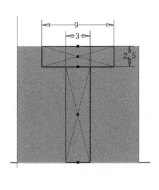

(c) 新建草图—前表面

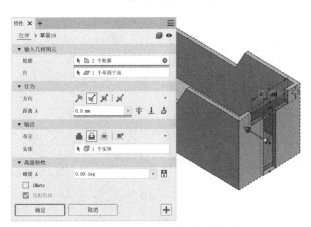

(d) 创建拉伸—前表面

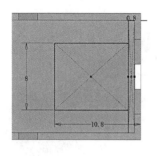

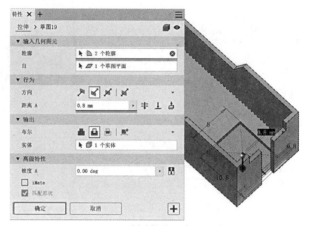

(e) 新建草图—底面

(f) 创建拉伸—底面

图 7-152 拉伸创建凹槽

图 7-153 添加订书针槽圆角

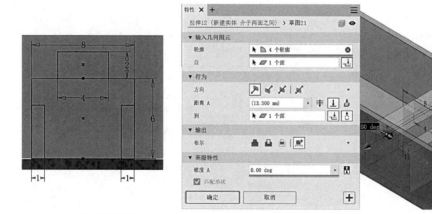

(a) 新建草图

(b) 创建拉伸

图 7-154 拉伸创建送钉块主体

（40）共享步骤(39)草图，创建拉伸特征，运算方式为"求差"，如图 7-155 所示。

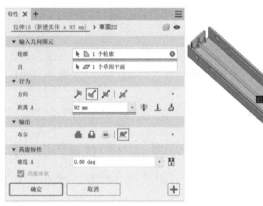

图 7-155　拉伸创建送钉块各槽

（41）在订书针槽后表面新建草图，拉伸创建滑轨轴实体，如图 7-156 所示。

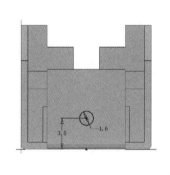 

(a) 新建草图　　　　　　　　　　　　(b) 完成创建

图 7-156　拉伸创建滑轨轴

（42）将滑轨轴作为工具体，分别与订书针槽和送钉块创建"合并""求差"特征，勾选"保留工具体选项"，如图 7-157 所示。

(a) 滑轨轴与订书钉槽

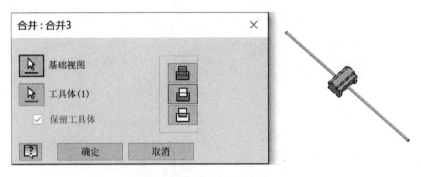

(b) 滑轨轴与送钉块

图 7-157　合并求差添加孔

（43）在 XY 平面新建草图，如图 7-158 所示。

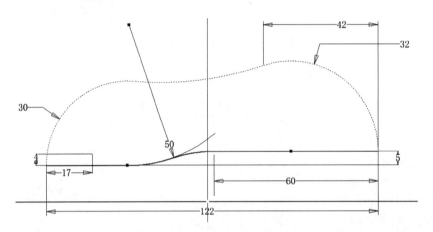

图 7-158　新建手柄主视图轮廓草图

（44）在 XZ 平面上新建草图，画出一半草图轮廓，继续在 XZ 平面上新建草图，镜像上述草图，如图 7-159 所示。

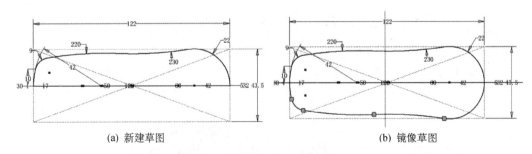

(a) 新建草图　　　　　　　　　　　　　　(b) 镜像草图

图 7-159　新建手柄俯视图轮廓草图

（45）新建三维草图，使用"相交曲线"命令创建三维草图，如图 7-160 所示。

（46）在 XY 平面新建草图，投影步骤（43）中的上方部分草图轮廓，如图 7-161 所示。

（47）新建平行于原始 YZ 平面，且过步骤（46）草图切点的两个工作平面，如图 7-162 所示。

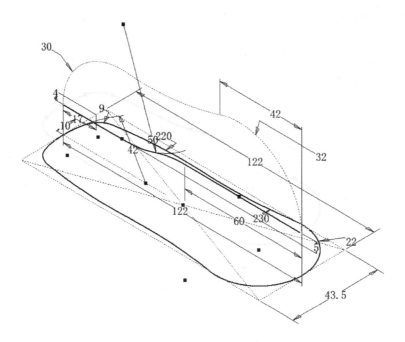

图 7-160　相交生成三维轮廓

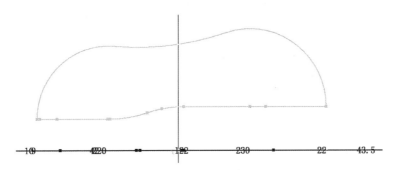

图 7-161　新建草图并投影现有轮廓

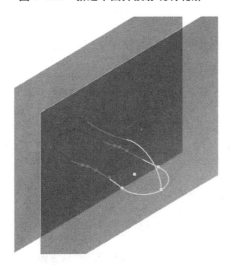

图 7-162　借助草图投影点创建工作面

（48）创建新工作平面与三维草图的 4 个交点，如图 7-163 所示。

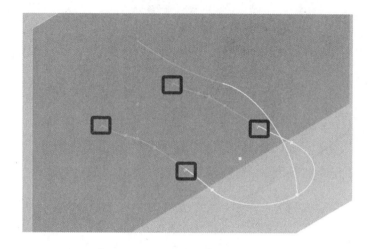

图 7-163　借助交点创建工作点

（49）在新建的工作平面上分别新建放样轮廓草图，如图 7-164 所示。

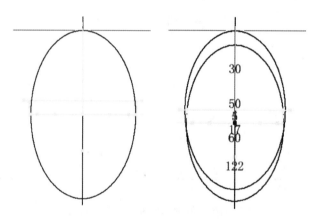

图 7-164　于工作面创建放样轮廓草图

（50）使用"放样"工具创建手柄主体，如图 7-165 所示。

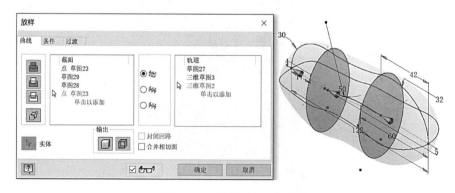

图 7-165　放样创建手柄主体

（51）以步骤(43)的草图为工具，分割手柄实体，删除草图以下的实体部分，如图 7-166 所示。

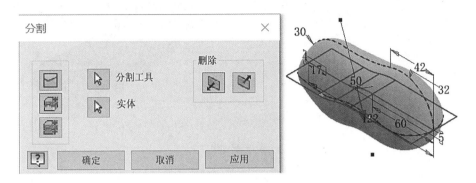

图 7-166　分割手柄实体

（52）对新建的手柄实体创建抽壳特征，壁厚为 2 mm，如图 7-167 所示。

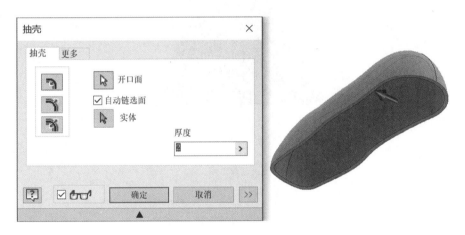

图 7-167　添加手柄抽壳特征

（53）在手柄下表面新建草图，创建加强筋特征，加强筋厚度为 1.6 mm，如图 7-168 所示。

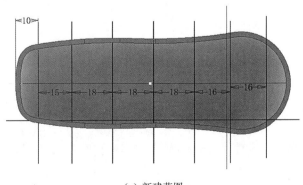

（a）新建草图

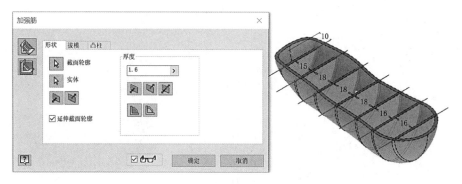

(b) 完成创建

图 7-168 创建手柄轴加强筋

（54）在加强筋表面新建草图，拉伸创建孔特征，如图 7-169 所示。

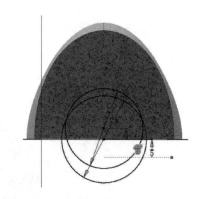

(a) 新建草图

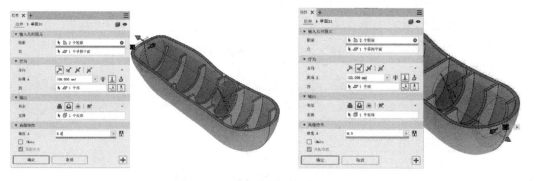

(b) 完成创建

图 7-169 拉伸创建内部孔

（55）偏移手柄下底面，新建一个工作面，在工作面上新建草图，创建凸柱特征，如图 7-170 所示。

（56）偏移 XY 平面，新建工作平面，在工作平面上新建草图，创建拉伸特征，如图 7-171 所示。

（57）将上述拉伸特征创建镜像特征，如图 7-172 所示。

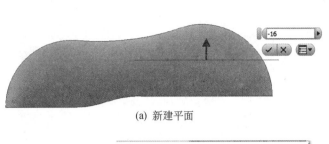

(a) 新建平面

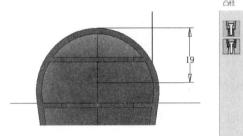

(b) 新建草图

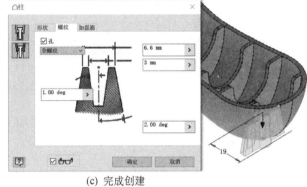

(c) 完成创建

图 7-170　创建凸柱

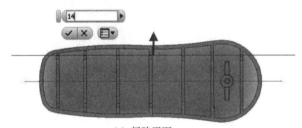

(a) 新建平面

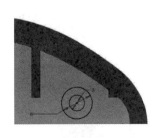

(b) 新建草图

(c) 完成创建

图 7-171　拉伸创建连接柱

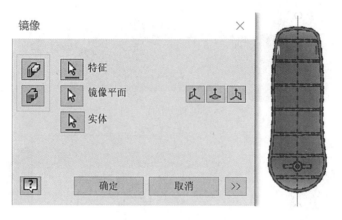

图 7-172　镜像连接柱

（58）共享步骤（56）的草图，拉伸创建手柄轴实体，拉伸方式为"介于两面之间"，如图 7-173 所示。

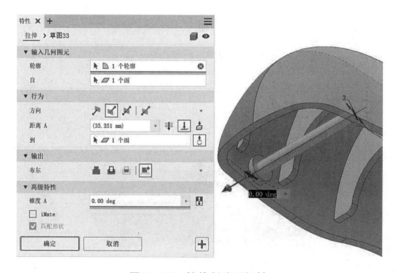

图 7-173　拉伸创建手柄轴

（59）将手柄与手柄轴创建合并特征，运算方式选择"求差"，勾选"保留工具体"选项，如图 7-174 所示。

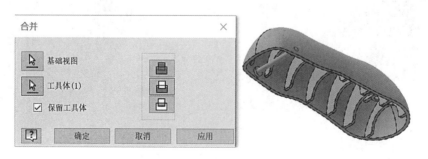

图 7-174　合并实体创建连接柱孔

（60）偏移手柄下表面，新建工作平面，在平面上新建草图，使用"加厚与偏移"命令，创建手柄表面的偏移曲面，距离为 0.6 mm，拉伸创建徽标实体，拉伸方式为"介于两面之间"，如图 7-175 所示。

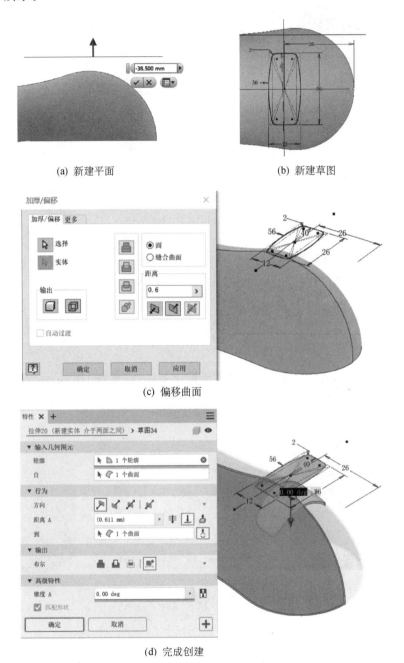

(a) 新建平面

(b) 新建草图

(c) 偏移曲面

(d) 完成创建

图 7-175 偏移表面并拉伸创建徽标实体

（61）在上述步骤的平面上继续新建草图，创建徽标的凸雕特征，如图 7-176 所示。

（62）将徽标与手柄实体创建合并特征，运算方式为"求差"，勾选"保留工具体"选项，如图 7-177 所示。

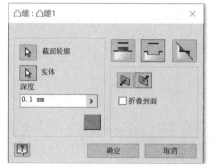

(a) 新建草图   (b) 完成创建

图 7-176　创建徽标顶部凸雕

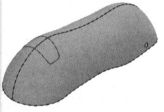

图 7-177　合并创建手柄凹槽

（63）在 XY 平面上创建草图，拉伸创建压钉块实体，如图 7-178 所示。

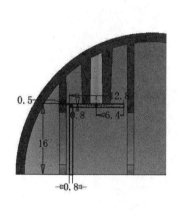

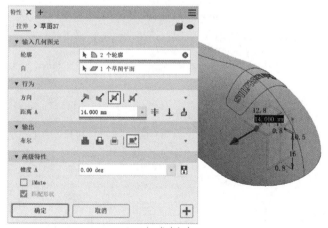

(a) 新建草图   (b) 完成创建

图 7-178　拉伸创建压钉块实体

（64）在压钉块下表面上新建草图，拉伸创建孔特征，如图 7-179 所示。

（65）对压钉块实体创建圆角特征，圆角大小为 0.5 mm，如图 7-180 所示。

（66）使用生成零部件工具生成并保存所有零部件文件，如图 7-181 所示。

(a) 新建草图   (b) 完成创建

图 7-179 添加压钉块孔

图 7-180 添加压钉块圆角

(a) 选择生成零部件按钮

(b) 选择所有实体并指定部件名称及保存路径

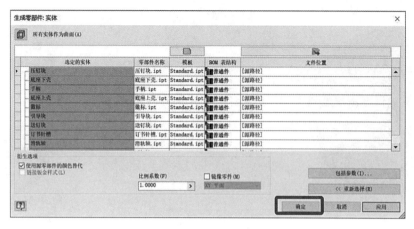

(c) 各零件的名称及保存路径设置

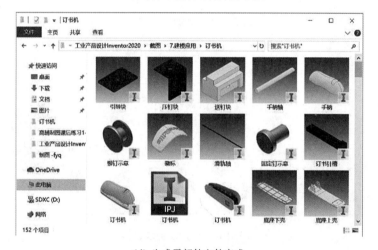

(d) 生成零部件文件完成

图 7-181　生成零部件

（67）打开部件文件"订书机.iam"，拖入铆钉和固定钉零件，使用连接命令安装铆钉和固定钉，如图 7-182 和图 7-183 所示。

图 7-182　装入铆钉

图7-183 装入固定钉

(68) 修改订书机各个零件的材料,如图7-184所示。

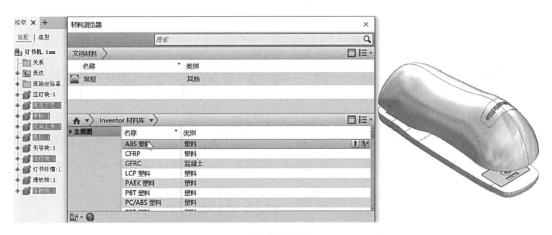

(a) ABS材料

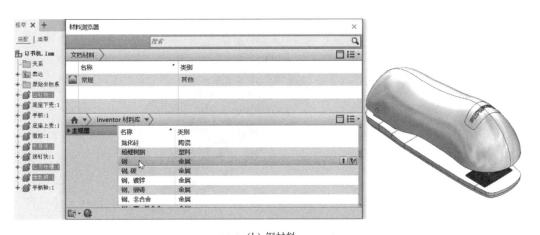

(b) 钢材料

图7-184 更改材料样式

(69) 更改外观颜色,如图7-185所示。

(70) 保存文件,完成订书机模型建立。

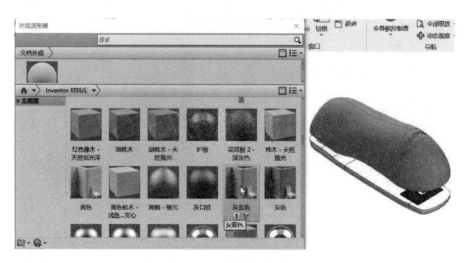

图 7-185　更改外观样式

(71) 模型建立完成,下面创建订书机的工程图。

(72) 参考图 7-104—图 7-115,创建订书机的表达视图文件,并完成订书机六视图、爆炸图及零件图的创建。

(73) 最后输出订书机的效果图。

(74) 进入 Inventor Studio,调整视图显示方式为透视模式,设置并保存光源样式,如图 7-186 所示。

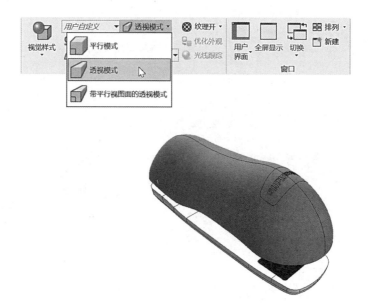

图 7-186　选择透视模式

(75) 使用设置完成的光源样式渲染图像,如图 7-187 所示;完成渲染的图像,如图 7-188 所示。

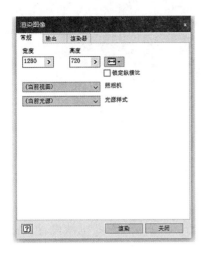

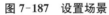

图 7-187　设置场景　　　　　　　　　图 7-188　完成渲染

至此,订书机模型建立与设计表达完成。

［1］赵卫东.Inventor 2011 基础教程与项目指导［M］.上海：同济大学出版社，2010.

［2］许睦旬.Inventor 2009 三维机械设计应用基础［M］.北京：高等教育出版社，2009.

［3］陈伯雄，董仁杨，张云飞，等.Autodesk Inventor Professional 2008 机械设计实战教程［M］.北京：化学工业出版社，2008.

［4］过小容，吴洁.Autodesk Inventor Professional R9/R10 培训教程［M］.北京：化学工业出版社，2005.

［5］唐克中，朱同钧.画法几何及工程制图［M］.4 版.北京：高等教育出版社，2009.

［6］杨海成.数字化设计制造技术基础［M］.西安：西北工业大学出版社，2007.

［7］张鄂.现代设计理论与方法［M］.北京：科学出版社，2007.